CONTENTS

PATCH WORK 拼布教室
Summer Edition 2020 no.19

因為世界性疫情無法出門，無法見到想見的人，那就拿起針線與最愛的布料，專注地縫製自己想要的小物，安撫不安的心吧！編輯部最近收到好多粉絲們的來信，都表示「對於還有製作拼布手工藝這分興趣而感到慶幸…」的心情。

在這段動盪不安的時期，我們非常感謝各位能夠拿起本誌製作作品，也非常歡迎大家參考內容，計畫下一件作品，或是親手製作小禮物，送給無法立即見面的朋友們，衷心期望每位讀者都能透過本書，傳遞出滿滿的愛與快樂。

需要一針一線、耐心製作的拼布作品，是現在宅在家的最佳夥伴喲！

隨書附贈

原寸紙型＆拼布圖案

U0086774

以貼布縫描繪的四季花圈

掛上一幅棉布材質的當季貼布
縫花圈畫吧！原浩美老師以先
染布製作的花朵，每一朵都擁
有不同的表情，非常可愛！

①

玫瑰花橢圓形花圈

淡粉紅色的花朵同時綻放，視覺感豐盛的玫瑰花圈。
以多款先染布料層層交疊縫製成立體花瓣。交錯於花
瓣間的刺繡葉片，正是可愛的多肉植物嬰兒淚的葉
片。

設計・製作／原 浩美　53×43cm　作法P.85

玫瑰花面紙盒套

面紙抽取口的兩旁裝飾著小巧的玫瑰花。縫製時，特意將葉片及一小部分的花瓣加上邊框，製作出立體感。

設計／原 浩美　製作／小笠原直美
13×25.5×5.5cm　作法P.85

四方體設計，上蓋的抽取口為圓弧狀，
兩側上蓋以暗釦固定。

攝影／腰塚良彥（P.16、P.17）山本和正

舒活對策！對抗炎夏的清涼
藍色系拼布特選

以饒富深意的藍調拼布＆包款
點綴今夏日常吧！
以外觀涼爽又令人安心的日本藍，
完美詮釋涼爽的夏日。

**運用藍色
獨具的紋樣**

以不同配色的變形千鳥紋圖樣並
排縫製而成，材料選用深淺色浴
衣布料與白色布料，非常清爽。此
款配色的靈感來自日本的初夏。

設計・製作／永蘭靖子
162×162cm　作法P.86

③

以型染或蠟染染成的大圖案布料，非常適合用來當作向量星星中央最大的主布。藉由不同圖紋的拼接醞釀出獨特深趣的桌飾，尤其推薦搭配白色器皿！

設計／西川信子
製作／藤田幸江
49×128cm　作法P.87

4

5

圖騰與肩背繩以綢緞與縮緬布料製成的波奇包。半圓形的圖騰宛若魚鱗般，非常獨特。恰當的尺寸，適合散步時攜帶隨身小物之用。

設計‧製作／脇田佳代子
22×19cm　作法P.84

絞染風七寶印花圖樣的茶墊與杯墊。搭配冷泡茶與日式菓子享用，別有一番風情。立體的貼布縫也採用相同的七寶圖樣製作。

設計‧製作／水木里子
茶墊　20×29cm
杯墊　12.5×14cm
作法P.92

**七寶圖樣印花布提供／
雙日時裝株式會社**

以具有獨特凹凸紋路的阿波しじら織布製作
的菖蒲與紫陽花壁飾。外側藍色畫框與具有
美麗色彩變化的花朵及葉片，則使用漸層及
條紋模樣的しじら織布製作。

設計・製作／鴨川美佐子
菖蒲58×50cm　紫陽花57×50cm
作法P.94

9

8

7

聰明使用
藍色零碼布

以收集多時的藍染邊布拼接而成的壁飾。因
為有圖樣，所以將型染布用在主部位。細長
條部位則使用條紋與絣織布。

設計‧製作／伊藤洋子
119×119cm　作法P.88

細長形的邊布MOLA貼布縫袋蓋，是此款肩背包的重點。最具特色的部分是袋蓋上的拉頭，看起來很像真的穿釦。是剛剛好能放入手機或零錢的小尺寸。

設計・製作／橫山幸美
13.5×19cm　作法P.89

袋蓋內側使用的是藍色條紋布料。與袋身的絣織布料剛好形成對比。

後方還有小口袋，可以放卡片小物。

由3塊布料構成「鏤空蕾絲」窗格，中心部分使用的是主調藍布。像是藍染布樣本的手提包。正面特別加入大型裝飾，形成對比。

設計・製作／伊藤洋子
30×42cm　作法P.88

以最喜歡的藍色邊布製成平日隨身的眼鏡袋吧！提把造型的彈簧口包設計，放入包包內也很安心。桌上型的貓咪眼鏡套也可以當作桌上小飾品。

設計・製作／小川よしみ
No.13　18×10cm　No.14　20×9.5cm
No.13　作法P.90

將貓咪頭向前翻就能放入眼鏡囉！

一指搞定收放！壓住彈簧口的兩側就能打開袋口。

貓咪眼鏡袋

◆材料
各式拼接用布　貓身用藍染布50×30cm（含耳、頭、裡布）　鋪棉35×30cm　鋪棉20×15cm　直徑0.5串珠2個　手工藝棉、25號白色、米色繡線適量

◆製作順序
拼接A作成口袋布→疊合鋪棉及鋪棉後進行接縫→裡布正面相對疊合縫製周邊，完成後翻回正面→製作身體、耳朵、頭部→將口袋及頭部與身體縫合。

※原寸紙型A面⑯

貓身（2片）
1
頭部縫合位置
口袋縫合位置
返口
20
9.5

口袋
以裝飾縫縫合
A
返口
15
10
※裡布為單片相同尺寸布料

頭部（2片）
耳朵縫合位置
串珠
返口
身體縫合位置
刺繡
7
7.8

耳朵
（左右對稱各2片）
返口
（正面）
返口
正面相對後沿著周邊縫合。需留返口以翻回正面。

頭部的製作方法
① 鋪棉　切口　裡布（背面）　返口　表布（正面）
表布和裡布正面相對疊合，疊上鋪棉後，沿著周邊縫合，並剪開切口。

② 藏針縫　裡布（正面）　棉花
翻回正面，塞入棉花後縫合返口，需製作2片。

③ 耳　（正面）　（背面）
將兩片頭部素材疊合並放入棉花。以藏針縫沿著周邊縫合。完成後，製作臉部表情。

以藏針縫縫合

口袋布的處理 & 縫份倒向
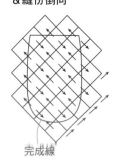
完成線
完成線

口袋的製作方法
① 裡布（背面）　返口
口袋布與裡布正面相對疊合縫合周邊。需留返口以翻回正面。

② 口袋布（正面）　縫合
翻回正面後縫合返口

貓身製作
切口
鋪棉（沿著縫線修剪）
（背面）
返口
翻回正面後縫合返口
2片正面相對疊合後疊上鋪棉，沿著周邊縫合。需留返口以翻回正面。

(15)

非常美麗的藍茶配色「小木屋」地墊。深底
色設計，讓絣織布的白色圖紋及直條紋更加
顯眼。

設計・製作／市川桂子　66.5×98.5cm

地墊

◆材料
各式拼接用布　鋪棉、胚布各100×70cm
滾邊用寬5.5cm子母帶340cm

◆製作順序
拼接24片圖樣，並拚縫成6×4列→疊上鋪
棉與胚布，並進行壓縫→四周滾邊完成。

◆製作重點
○滾邊請參考P.82的包邊作法。

※原寸紙型A面②

圖樣縫製順序

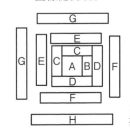

自中心向逆時鐘方向
拚縫，縫份倒向外側。

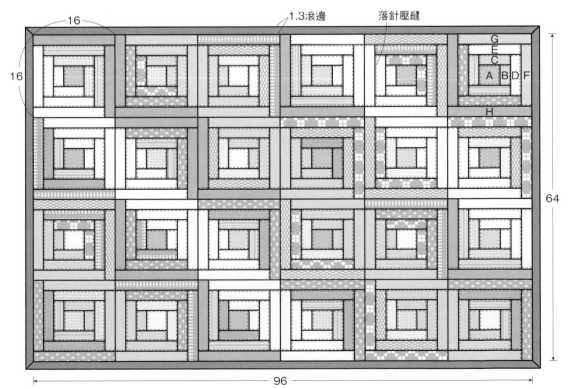

16　1.3滾邊　落針壓縫

16

G
E
C
A B D F

H

64

96

賞心悅目的繽紛配色

以多色絣織布製成的視覺系提包。統一了大四方形拼布區塊的配色，背面則使用了2種絣織布，可配合當日心情或服裝任意選用。

設計・製作／加藤文子
（指導／中村敬子）31×42cm

手提包

◆ **材料**

各式拼接用布　A用深藍色素布35×30cm　提把用絣織布20×90cm（含滾邊）　鋪棉、胚布（含提把襯布）各90×50cm　寬2.5cm提把襯80cm

◆ **製作順序**

分別拼接A與B以作成圖樣⑦與⑧→接縫圖樣製成前側袋面→接縫2片C布製成後側袋面→疊上鋪棉與胚布並進行壓線→製作提把→依下方圖示完成。

※提把襯可使用厚接著襯或平織帶。

※A・B原寸紙型A面⑦

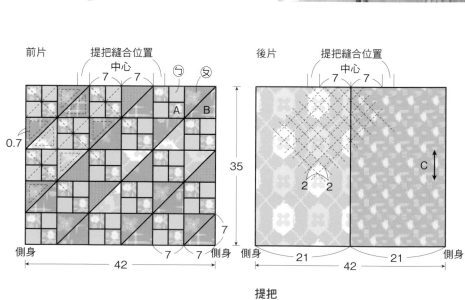

⑯

作法

①
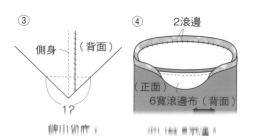

剪去其中一側多餘的縫份

前片與後片正面相對疊合縫合

②
藏針縫
以胚布包住縫份收整

前片　提把縫合位置　中心　7　7　⑦　⑧
　　A　B
0.7
35
側身　7　7　側身
42

後片　提把縫合位置　中心　7　7
2　2
C
側身　21　21　側身
42

③
側身　（背面）
1?

④
2滾邊
（正面）
6寬滾邊布（背面）

⑤
滾邊
（背面）
2
以藏針縫縫於滾邊上

提把

（2片）（原寸裁剪）　7
40
2.5　（正面）
0.2　車縫
提把襯

對摺處

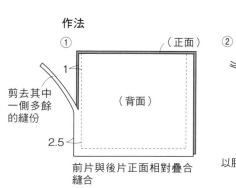

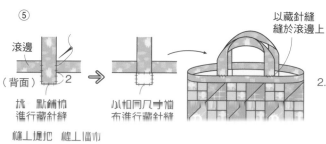
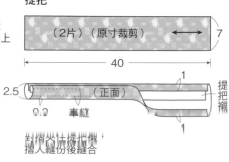

肩背包與醫藥手冊套組合。在藍色和風印花布上，壓縫上以紅色與橄欖綠零碼布串起的布片。

設計・製作／松野まゆみ
醫藥手冊包　20×13cm
作法P.90

波奇包袋身一體成形，後側還有小口袋。

醫藥手冊套可收納至肩背包內。

⑰

⑱

醫藥手冊套內側使用網狀材質口袋，能清楚看到收納物。
除了可以放入醫藥手冊及掛號單外，還有能收納口罩的大口袋。

束口側肩包與手拿包組。型染、絣織布與素布的組合。素布上還有立體的菱形圖案裝飾，側身及袋口能看到漂亮的裡布！

設計・製作／中島幸子
側肩包　28.5×26cm
手拿包　14.5×19cm
作法P.15

從側身及袋口露出的裡布，選用亮黃色布料。對比色更能襯托美感。

混合了各種花紋的絣織布、條紋布，與繽紛的綢布。充滿拼布樂趣的餐墊。一起將小零碼布的功用發揮到最大吧！

設計／岩崎美由紀
製作／松村厚子
左33×39cm　右27×39cm
作法P.94

側肩包&手拿包

◆材料
側肩包 拼接、各式貼布縫用布 ⊖用70×25cm 鋪棉、胚布、裡布各70×40cm 直徑0.4cm蠟繩160cm 長4.5cm提把下片、長1.8cm繩釦各2個 長75至125cm附鉤環肩背帶1條

手拿包 拼接、貼布縫用布、各式尾繩裝飾用布 鋪棉、胚布、裡布各40×25cm 20cm拉鍊一條

◆製作順序
壓縫製作表袋→疊上胚布，進行壓線與貼布縫→表布與裡布正面相對疊合縫合，如圖步驟縫製→將蠟繩穿過袋口，縫合上下片與肩背帶，手拿包縫上拉鍊與尾繩裝飾即完成。

※袋面以壓縫方式製作。布料尺寸無特定，可自由拼接。
※貼布縫圖案原寸紙型B面④

縫製步驟

①
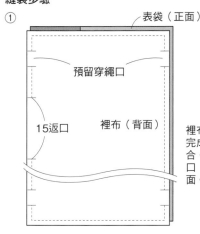
表袋（正面）
預留穿繩口
15返口
裡布（背面）

裡布正面相對疊合在已完成壓線的袋面上後縫合。須預留穿繩口與返口，完成後，翻回正面。

②
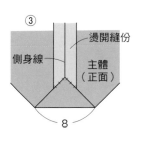
裡布（正面）
止縫處
主體（正面）
7
1.5

自底部中央線對摺，縫合兩側

③
燙開縫份
側身線
主體（正面）
8

褶角與側身縫合，作出袋底

側肩包

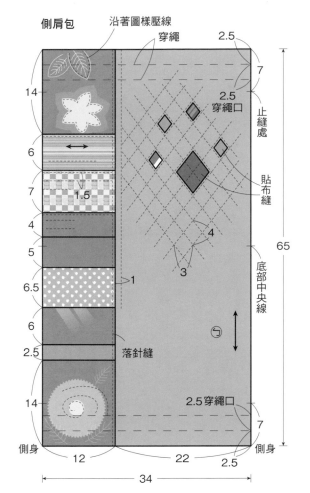
沿著圖樣壓線
穿繩
2.5
7
2.5 穿繩口
止縫處
貼布縫
1.5
4
4
3
1
6.5
6
2.5
落針縫
14
⊖
65
2.5 穿繩口
7
側身
12   22   2.5
34
底部中央線

壓縫方法

①
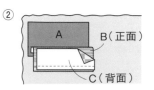
A（正面）
B（背面）
鋪棉

將A放於鋪棉上，B正面相對重疊於A上縫合

②
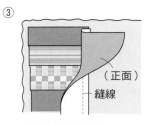
A
B（正面）
C（背面）

B翻回正面，重疊上C，重複以上動作縫合

③
（正面）
縫線

以同樣方式縫製⊖

④
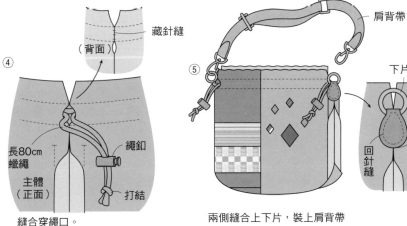
藏針縫
（背面）
長80cm蠟繩
繩釦
主體（正面）
打結

縫合穿繩口。自兩側將蠟繩穿過，並裝上繩釦

⑤
肩背帶
下片
7.5
回針縫

兩側縫合上下片，裝上肩背帶

手拿包

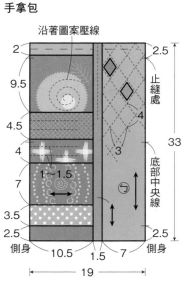
沿著圖案壓線
2
9.5
4.5
4
7
3.5
2.5
1~1.5
2.5
止縫處
4
3
33
底部中央線
側身 10.5 1.5 7 側身
19

縫製方法

①
已完成壓線的袋面（正面）
裡布（背面）
8返口

正面相對疊合，沿邊縫合

②
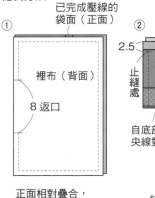
裡布（正面）
2.5
止縫處
主體（正面）
2.5
1
（正面）
4

自底部中央線對摺
縫製兩側，作出底寬（請參考側肩包）

③
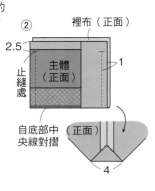
固定於側身

縫上拉鍊與尾繩裝飾

製作尾繩裝飾
3.5
（原寸裁剪）
7

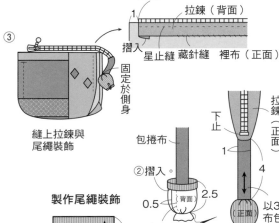
上止
拉鍊（背面）
1
摺入
星止縫 藏針縫 裡布（正面）
包捲布
②摺入
①縫合。
③縮縫。
0.5
2.5
（背面）
下止
拉鍊（正面）
1
4
（正面）
以3×6的布包覆
④挑4點縮縫成小花。

15

藍布配色法

大圖騰＋素色的清爽配色

蠟染

型染

型染或蠟染為大型圖騰，搭配上素色藍布，及能襯托出藍色的白色素布。利用亮度差，讓圖樣更加鮮明。（P.4作品）

大六角形部分使用大圖騰蠟染布，小三角形布塊使用水藍色素布。只要避免大圖案相連，視覺就會很清爽。（P.5作品）

邊布的運用方法

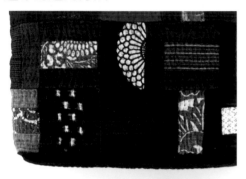

刺子繡布

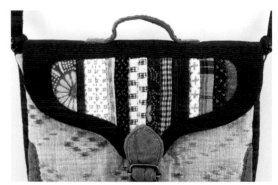

二手布拼接。絣織布與型染的白色紋路搭配上深藍色素布，任何尺寸都很鮮明。（P.9下方作品）

拼接14片細長形邊布作品。以大花條紋布及型染布圖騰作出花色，還有刺子繡布料喔！（P.9上方作品）

使用了白色絣織布的作品，非常清爽的配色。主調為碎花，搭配大圖騰與淡茶色布料，看起來更加活潑。（P.9上方作品）

各種絣織布配色

（P.11作品）

藍色絣織布因尺寸與密度的不同而產生不同的亮度，適合用以製作拼接花樣的配色。「小木屐」花紋，深色部分使用藍布絣織布，最內側則使用較高的大花紋絣織布。

繽紛的絣織布只須規律配置，就能作出很棒的配色。P.12包包僅使用素色布料及水藍色花紋布料，

藍布處理法

使用前的清洗

拿到和服或是二手藍布後,第一件事必須先清洗。無論是手洗或是裝進洗衣袋後,再放入洗衣機內清洗皆可。若布面上有些污漬,可放入少許洗劑。稍微脫水後曬乾。大約至半乾程度後,再以熨斗整平布料。

以熨斗整平布面時,需輕拉布邊。特別是直條紋的部分,若有歪斜情形會很明顯,請一定要整平。

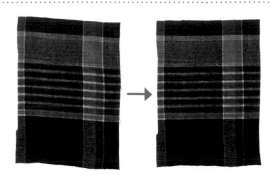

較薄的藍色布料,需貼上接著襯

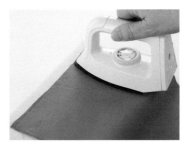

有時二手布較薄或有小破洞,可加貼接著襯補強。配合布料顏色,選用具有伸縮性的薄質針織款接著襯,就不會影響到布料原本的色澤。

熨貼接著襯時,需以按壓的方式熨貼,避免滑動熨斗。完成後,靜置布面等待冷卻,接著襯就不會剝落。

搭配其他素材布料

與藍布拼接之前,需先經過水洗,讓布料自然收縮。較薄質地的布料,需先貼上接著襯,統一素材與藍布的厚度。

綢緞

利用織線的微小粗細差織出的絹布,因為質地特殊,適合搭配具有深意的藍布。

麻

因為麻布織法較為粗糙、容易歪斜,所以需加貼接著襯。

標註記號

使用深藍色布料作記號時,需選用亮色系粉筆。使用粉紅色粉筆較為方便,除了藍布之外,標註在白色花紋上也較能分辨。也可使用手工藝專用的記號筆,只要輕輕碰觸就能標上記號。壓線部分建議使用自動鉛筆型的記號筆。

羽二重、絹胴裏、銘仙

質地較薄,需貼上接著襯再使用。

木棉布

沉穩調印花圖樣及先染布、斑染布等較適合搭配藍布。也很推薦能襯托藍色的素色布料。

壓線需使用
適合藍色布的縫線

若想發揮藍布最大特色,壓線建議使用與布料同色的縫線。黑色、深藍色與深灰色、淡灰色等基本色系,即能對應所有的藍布。

各種藍布

素色

直接將布浸泡在藍色染料中製成。根據浸泡次數,可作成各種深淺不同的藍布。顏色本身就有其韻味,再搭配上各種材質,就能作出多種不同質感的藍布。

條紋

以先染線織成條紋或格子樣式的藍布。可織成較樸素的細緻紋路,也能製成大氣的圖騰,適合當作配色用。

絣織布

使用經過部分染色處理的織線織成的布料,特徵為擁有小刷紋斑點。小斑點的絣織布較易取得,有時也會夾雜一些非藍色的顏色。

型染

沿著模型放入防染糊後,再以藍色染料染成。圖中的菊花、唐草等大型植物圖案,是二手布中經常出現的圖樣。

以最適合的布料製作最棒的夏日包款

選用最適合夏天的布料製作包包吧！
提著新包，只是到附近走走也能擁有好心情！

量染印花布製作
側袋身一體成形

表面宛如暈染般的葉片圖案
手提包，圖案邊邊還加上了
刺繡。靛藍色搭配淡灰色、
綠色，極具質感的配色。

設計・製作／鎌田朋子
24×30cm　作法P.95

布料提供／
雙日時裝株式會社

22

後側袋面
沿著葉片邊緣
落針壓線。

袋口作有釦絆開關設計。袋
口布襯及提把背面選用綠色
葉片圖案的布料。

以美麗的刺繡與串珠裝飾出秀氣的
圓形。搭配使用同色系灰色、淡藍
色與綠色繡線,高雅展現氣質感。

設計・製作／八加部正子
26×32.5cm　作法P.96

布料提供／
雙日時裝株式會社

具有圓形圖樣的織布,可雙面使
用。本作品使用背面圖樣。

大大的圓點圖案邊緣,
展現美感的刺繡裝飾。

23

為了避免串珠勾到衣服,所以背面只
使用刺繡裝飾。

威廉・莫里斯
植物圖騰皺褶包

24

拼接萬花筒圖樣與褶皺樣式布料的大托特包。每片素材在裁剪時須注意圖樣方向一致，才能作出有規則的排列，長提把亦可肩背。

設計・製作／大本京子
35×31cm　作法P.98

布料提供／株式會社moda Japan

中央部分是以貼布縫繡上圓形的花朵圖樣後，再以刺繡裝飾。

褶皺部分需變換褶子的方向，以作出變化。

兩側夾入圓繩，就能調整包寬。右圖為完全撐開後的款式。

背面整片布料作了格子狀壓線處理，且加縫上小口袋。

內口袋使用具有可愛圖騰的布邊。

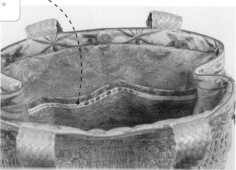

葉片印花
圖樣斜背包

沿著葉片圖樣壓線後，再於小花圖樣進行刺繡
裝飾。大型斜背包款非常適合休閒裝束。

設計・製作／橫田弘美
33×29㎝　作法P.110

葉片圖樣印花布料提供／te×tile pantry
（JM PLANNING株式會社）

大葉片印花圖樣。作品中
的刺繡部分，選用與花朵
相同顏色的繡線。

前側需打褶，後側平面即
可。內部加貼了較厚的接
著襯。

25

21

法國米盧斯印花布經典圖樣兩件組

因為印花布圖樣顏色十分柔和，所以選用柔色系布料製作六角形花瓣。除了托特包之外，還有同款肩背包。

設計・製作／村上美智子
托特包 29.5×37cm 肩背包 14.5×24cm
作法P.97

印花布料提供／有輪商店株式會社

只要取下肩背帶就能變成手拿包。

淡粉紅色與米粉色的流線型花朵與葉片，極具魅力的印花圖樣。

26

27

復古鄉村風碎花印花布
寬袋身迷你手提包

在淺朱紅色的小碎花布，以貼布縫縫上
象牙色蕾絲狀裝飾布。雖為小型包，但
因是寬袋身，極為方便收納。

設計・製作／吉川欣美琴
22×22㎝　作法P.99

布料提供／株式會社moda Japan

28

袋口兩側袋蓋可避免物品
露出。

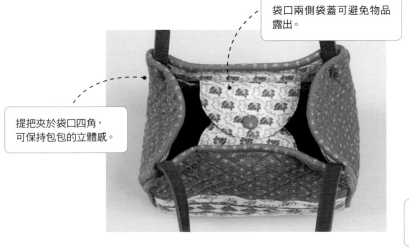

提把夾於袋口四角，
可保持包包的立體感。

內口袋貼有接著襯，使用更方
便。

23

攝影／腰塚良彦・島田佳奈（作法步驟） 山本和正（作品）

想動手作作看，
好想一直傳承下去的傳統拼布圖樣

由拼布專家有岡由利子老師──介紹自己親手
製作的美國風傳統拼布作品。令人想要製作的
樸素、懷舊風拼布作品。

布料提供／te×tile pantry（JM PLANNING株式會社）

Sister Choice

傳統圖樣的名稱多以「○○ Choice」命名。姐姐的選擇也是其中之一。日文中又稱為「姐姐的心愛花樣」或「姐姐的喜好」。傳統格子圖樣，搭配上粉紅色及原色布料，以單一配色醞釀復古感，再搭配上迷你作品吧！只需拼接一塊圖樣即可完成。

設計・製作／有岡由利子　正方形毯83×83cm　迷你版32×32cm　作法P.27

關於拼布設計

圖樣由5個部分組成。整體都是以正方形與等邊三角形的布塊組成。箭尾羽毛圖樣與中央正方形部分選用較顯眼的花樣,十字最外側的花樣,選擇介於箭尾羽毛及素色布材間的花色,就能完成非常美麗的配色。

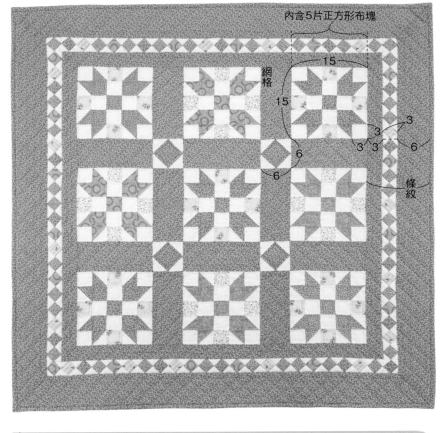

在條紋間加入小零碼布拼成的拼片

 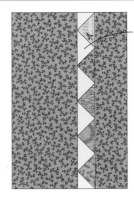

將正方形零碼布排列成拼片。鏤空處加墊白色素布,更能突顯拼片的花樣。

若使用三角形布塊,會因為白色素布的面積減少,突顯效果不佳,且條紋的寬度也會不足。

條紋內的裝飾細帶,使用與主體一樣的同款粉紅色印花布,整體視覺就會特別乾淨、簡潔。

在素色底布上縫合零碼布拼成的三角形細帶,可恰到好處地襯托出三角形圖樣。

依據主圖樣布塊的大小決定網格與條紋的寬度

- 主圖樣的大小為15cm(3cm布塊×5片),因此網格與條紋的寬度須為3的倍數。如此裝飾在條紋中的正方形邊角就能完全貼齊條紋邊緣。
- 網格與條紋部分的壓線寬度也一樣抓3cm,就能避免中途斷掉。

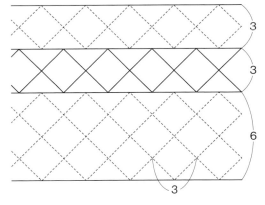

選用深淺粉紅色配色的布料,就能營造出復古拼布風格的配色

19世紀中旬,美國已經開始大量製造布匹,同時也已經能作出豐富的少色數、小圖案印花。深淺粉紅色也是其中一種。在粉紅色的底上印出深粉紅色的印花圖案,樸素的花樣,是傳統拼布中不能缺少的素材。完成的作品,不僅具有溫度又十分可愛。

靈感來自古董布料的懷舊風雙粉紅色配色印花布

1860年代的古董拼布作品。籃狀花朵部分使用了雙粉紅色的配色技巧。

雙粉紅色

接縫2片A後，再接縫B，製成小長方塊，共製作4片。此4片分別與擁有2片A＆擁有5片A的長帶接縫。本書示範的技法是先全部縫到記號線頂端後，再將縫份倒成風車狀，也可依照個人習慣全部縫到底。

● 縫份倒向

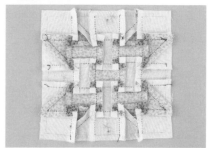

● 製圖方法

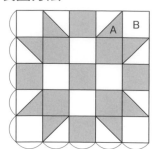

1 裁剪2片A，各需留0.7cm的縫份。

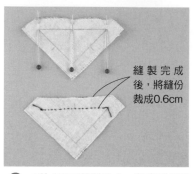

縫製完成後，將縫份裁成0.6cm

2 2片A正面相對疊合，對齊兩側記號線後，以珠針在兩端及中心點固定。從記號處先縫一針回針縫，接著以平針縫縫至另一端記號處。結束時也須以回針縫加強。

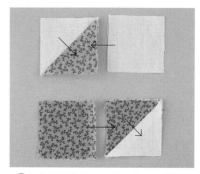

3 依據2的步驟再作一片。縫份倒向箭頭方向。與A接縫。

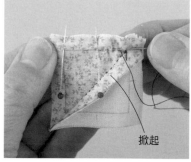

4 A布塊與B正面相對疊合，以珠針固定於記號處（須避開縫份），再以平針縫縫合兩記號之間的部分。

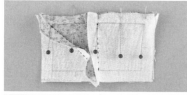
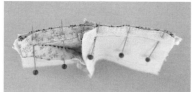

5 將兩片長方形布塊正面相對疊合，並以珠針固定兩端、接合處與其間任一處。在固定珠針時，也須避開縫份。

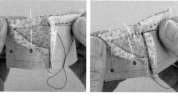

6 將兩片長方形布塊正面相對疊合，並以珠針固定兩端、接合處與其間任一處。在固定珠針時，也須避開縫份。

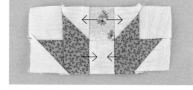

7 完成四角形的區塊。需再製作一塊相同的區塊，完成後，將兩區塊接縫於擁有2片B的長條狀拼布的兩側。接縫方法請參考5、6。重複以上步驟再製作一片相同的區塊。

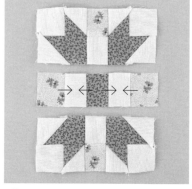

8 拼縫5片B至記號處。接著與7的布塊拼接。

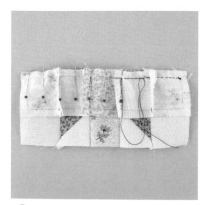

9 將兩布塊正面相對疊合，依序以珠針固定兩側、接合處與其間任一點。自記號處縫至另一側記號處。接合處需進行一針回針縫補強。

接縫的時候

1 拼接素材時，以※平針縫自布邊縫至另一側布邊。起縫處與結束時都須進行一針回針縫補強。
※自轉角的記號處往外數2針。

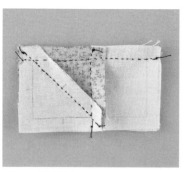

2 拼接素材時，縫份也需一起縫進去。較有厚度的部分，需要一針一針、直上直下地縫。

● 縫份倒向

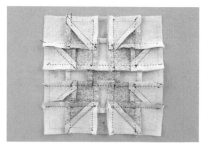

為了避免厚度不均，請統一往上倒向。

壁飾 & 迷你壁飾

●材料

壁飾 素色布110×55cm C、D、E、I用深色粉紅色印花布110×90cm（含滾邊） 鋪棉、胚布各90×90cm

迷你壁飾 深色粉紅色印花布80×35cm（含滾邊） 素色布35×30cm 碎花印花布10×10cm 鋪棉、胚布各35×35cm

●製作順序

壁飾 拼接A與B，製作9片主圖素材→接縫A、C、D與主圖→接縫F至H，製作4條長帶→參考下方的接縫方法，製成壁飾表布→疊上鋪棉與布襯後，進行壓線→布邊進行滾邊（滾邊四角請參照P.82包邊作法）。

迷你壁飾 C至E拼接成的4片布條，分別接縫於主圖布塊的四周（與壁飾的E同樣進行嵌縫）作成表布→疊上鋪棉與布襯後，進行壓線→布邊進行滾邊。

壁飾

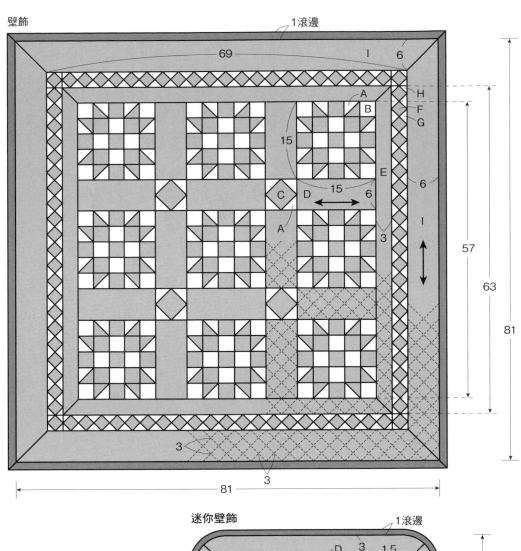

主圖案與方格的壓線法

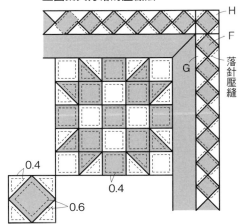

落針壓縫

0.4
0.4
0.6

迷你壁飾

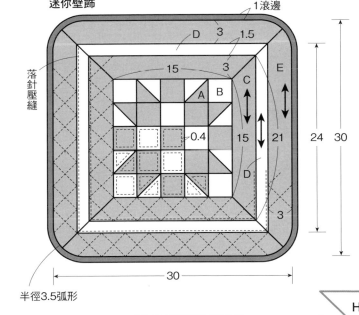

落針壓縫

半徑3.5弧形

壁飾的拼縫方法

※箭頭為縫份倒向

縫至記號處、嵌縫
（以相同方法縫製I與E）

長帶
縫份倒向

原寸紙型

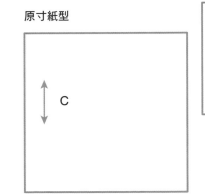

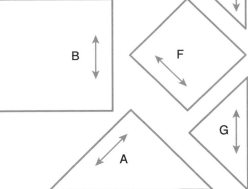

打扮得漂漂亮亮的 兔寶寶換裝布偶

攝影／山本和正
插畫／木村倫子

最終回

古澤惠美子製作的圓嘟嘟兔寶寶Rabl，要換上夏裝啦！
穿上夏季專屬的水手領洋裝，前往開滿向日葵的山丘吧！
將充滿歡樂的夏季回憶，通通縫入拼布中。

鋼琴課結束後，
與Peter約好在向日葵山丘碰面。
今年夏天最喜歡的衣服
是媽媽親手製作的水手領洋裝。
會帶來滿滿好運的
向日葵壁飾，
是外婆送的禮物。

31

32

un piano

壁飾上的向日葵，手牽手圍成了圓圈。
以貼布縫縫在象牙白底布上，極具夏日風情。

設計‧制作／古澤惠美子　迷你壁飾34×34cm　兔寶寶高約33cm
迷你壁飾&洋裝、手提包作法P.30、31　兔寶寶作法P.93

藍色的洋裝
搭配可拆水手領。

靴子的返口選用白色布料，
就能營造出夏季感。

另外製作水手領領結部分，
再以暗釦固定即可。

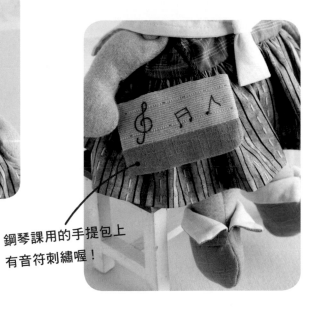

鋼琴課用的手提包上
有音符刺繡喔！

全白的水手領非常適合
搭配水藍色的洋裝。

拆掉衣領也是
一件可愛的洋裝。

洋裝的後領以暗釦固定，
再裝飾上藍色鈕釦。

黃色向日葵頭飾，
正好裝飾在額頭中央。

洋裝

材料

裙身用布110×15㎝　身片用布60×35㎝（含子母帶）　水手領・領結用布45×20㎝　直徑0.6㎝暗釦3組　直徑0.8㎝鈕釦2個

※原寸紙型B面①

※兔寶寶　作法P.93

1.裁布

※（ ）內為縫份尺寸（除了指定尺寸之外皆為0.7㎝）

前身片
（0.5）（1.5）（0.5）（1.5）

後身片（左右對稱各一片）
（1.5）（0.5）（0.5）（2）（3）

裙襬
（2）（2.5）（2）　11　104

水手領（2片）

2.身體

完成線　後身片（背面）　1三褶　※左側相同作法

①處理後身片的後中心線。

0.5　後身片（背面）　1重疊　前身（正面）　0.5
1.正面相對疊合後縫合。
2.正面相對疊合後縫合。
1.背面相對疊合後縫合。

②袋縫前身與後身的肩膀與兩側。

寬2.5㎝子母帶，正面相對疊合後縫合。連同縫份一起倒向裡側後，進行藏針縫
0.8　（正面）　藏針縫　寬2.5子母帶（正面）

③處理衣領邊緣及袖口邊緣。

3.縫製裙身，與身體縫合

完成線　1　1　（背面）　1.25

①以裙襬→兩側的順序三褶後車縫

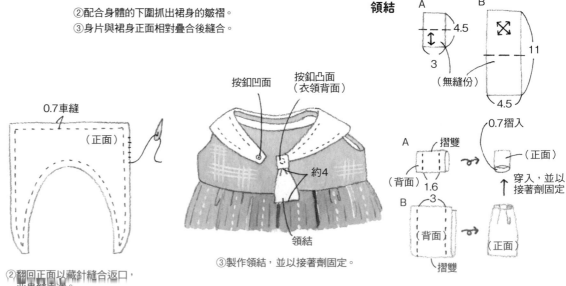

1.抓出皺褶。
3.捲縫份並進行藏針縫。
0.7　身體（背面）
2.正面相對疊合縫合。
寬2.5子母帶
裙身（背面）
6
4.重疊後進行藏針縫。

②配合身體的下圍抓出裙身的皺褶。
③身片與裙身正面相對疊合後縫合。

裝飾釦（內側為按釦凸面）
暗釦凹面　2.8

④後側中央縫上裝飾釦與按釦。

領結
A　4.5　3　B　11　4.5　（無縫份）

4.製作水手領

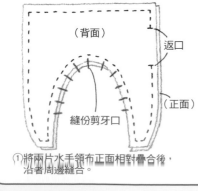

（背面）　返口　縫份剪牙口　（正面）

①將兩片水手領布正面相對疊合後，沿著周邊縫合。

0.7車縫　（正面）

②翻回正面以藏針縫縫合返口，並車縫周邊。

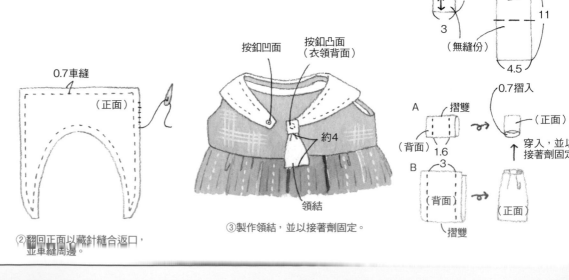

按釦凹面　按釦凸面（衣領背面）　約4　領結

③製作領結，並以接著劑固定。

A　摺雙　（背面）1.6　0.7摺入　（正面）　穿入，並以接著劑固定
B　3　（背面）　摺雙　（正面）

手提包、頭飾、靴子

材料

手提包　米白色先染布25×15cm（包含裡布）　藍灰色先染布15×10cm　單膠鋪棉20×10cm　寬0.6cm繩30cm　25號茶色繡線適量

頭飾　花瓣用布25×10cm　葉片用布10×10cm　單膠鋪棉15×10cm　花蕊、底座用布、厚接著襯、25號繡線各適量

靴子　藍灰色先染布45×20cm　白色素布20×15cm　單膠鋪棉40×10cm

※原寸紙型B面①

手提包

1.裁布、接縫表布

表布、裡布（各2片）

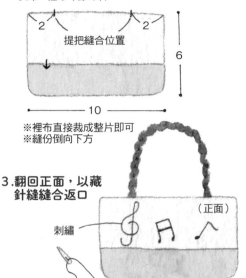

提把縫合位置

2

2

6

10

※裡布直接裁成整片即可
※縫份倒向下方

3.翻回正面，以藏針縫縫合返口

刺繡

（正面）

2.表布與裡布正面相對疊合縫合

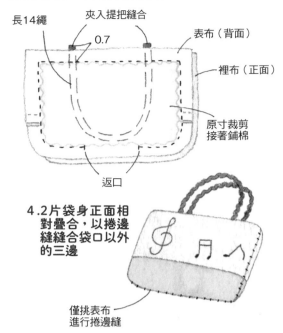

長14繩　　夾入提把縫合　　表布（背面）

0.7

裡布（正面）

原寸裁剪接著鋪棉

返口

4.2片袋身正面相對疊合，以捲邊縫縫合袋口以外的三邊

僅挑表布進行捲邊縫

頭飾

1.裁布

花瓣（14片）

底座、花蕊（各1片）

葉片（4片）

2.製作花瓣

①其中一片花瓣背面須貼上原寸裁剪的接著鋪棉

②正面相對疊合縫合

返口　　翻回正面

③以平針縫串起7片花瓣後拉緊

（正面）

3.製作底座與花蕊

（背面）

①底座貼上原寸裁剪的接著襯，花蕊貼上無縫份接著鋪棉

②沿著周邊進行平針縫後拉縮

4.拼接

葉片

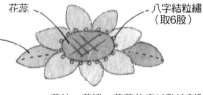
花蕊

花蕊

八字結粒繡（取6股）

葉片製作方法同花瓣，中央須進行壓線

葉片→花瓣→花蕊依序以黏接劑貼至底座上

靴子

1.裁布並接縫布襯

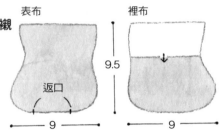

表布　　裡布

9.5

返口

9　　9

※兩款皆需左右對稱各2片

2.表布與裡布正面相對疊合縫合，翻回正面

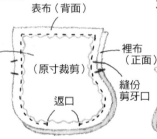
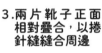

表布（背面）

表布背面貼上接著鋪棉

（原寸裁剪）

裡布（正面）

縫份剪牙口

返口

3.兩片靴子正面相對疊合，以捲針縫縫合周邊

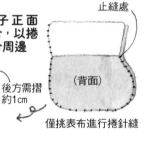

止縫處

（背面）

後方需摺約1cm

（正面）

僅挑表布進行捲針縫

迷你壁飾的製作方法

材料

各式拼接用布　底布35×35cm　滾邊用布55×55cm（含圓形貼布縫部分）
鋪棉、胚布40×40cm

製作順序

底布進行貼布縫，製作壁飾表面花樣→疊上鋪棉與布襯後壓線→周邊製作滾邊

※貼布縫用布裁剪時，布紋需傾斜45度角。
※裁剪3.5cm寬的滾邊用子母帶
※原寸紙型B面②

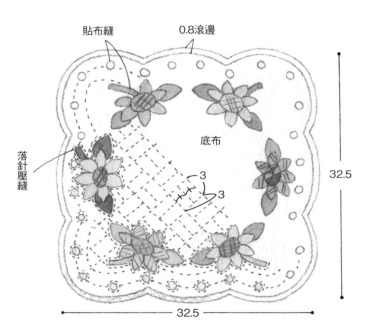

貼布縫　　0.8滾邊

底布

落針壓縮

3

3

32.5

32.5

手作專屬！
我的環保購物包

親手縫製時尚環保包吧！
以最愛的布料，製成想要的尺寸，就連平日的外出
採買都變得更興奮、更方便！

攝影／島田加奈（側拍） 山本和正（作品） 插畫／三林YOSHI子

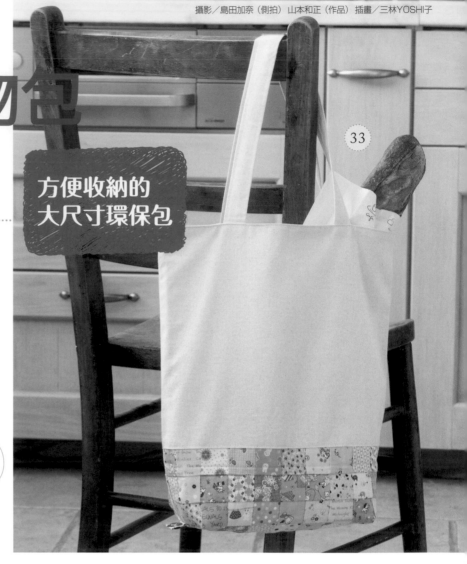

方便收納的
大尺寸環保包

33

袋底以色彩繽紛的四角形小布塊拼接而成，寬底設計。收納後只會看
到拼布設計部分，非常可愛。

設計·製作／山崎良子 34×33cm

底部作有暗釦
收納設計

摺入袋身，使其
與袋底同寬。

再摺小，以
袋底暗釦固
定收納。

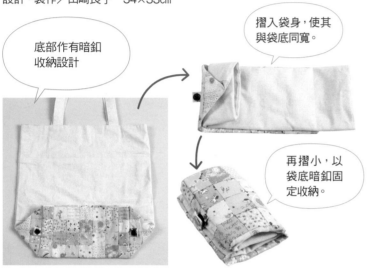

作法

*材料
各式拼接用布、吊耳用布 B用布100×65cm（含提把、
裡布） 薄接著襯35×35cm 直徑1.4cm暗扣一組

*製作順序
拼接A，接上接著襯→與B接縫，車縫完成表布→製作
提把與吊耳→提把固定至表布上，與裡布正面相對疊
合，再依照下圖說明縫合。

吊耳
↑4 ↓ 6
（原寸裁剪）（2片）
摺雙 2
摺入長邊縫份，
半邊進行疏縫

提把
（2片）（原寸裁剪）← 7 →
← 50 →
2.5
（背面）
摺雙 0.4
翻回表面，
車縫
（正面）

正面相對對摺，縫成圓筒狀

縫合
提把
表布（正面）
裡布（背面）
縫合
固定上提把，
縫製袋口

底中心摺雙
表布（正面）
袋口
裡布（背面）
0.3
15返口
底中心摺雙
縫合兩側身，留返口。
縫上吊耳後再縫出袋寬

車縫
翻回正面，
縫合返口

底角縫法
（背面） 側身線 （背面）
（正面）
12
夾入吊耳後
縫合
剪掉

吊耳
（正面） 吊耳
夾入吊耳
（背面）
底座
凹槽
凹面
縫上暗釦
凹槽
底座

原寸紙型
A
↕

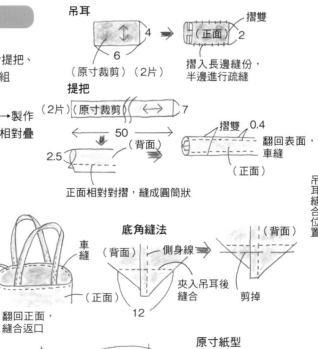

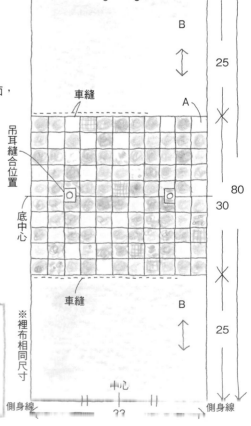

提把縫合位置
中心
6 ← → 6
B
25
車縫
A
吊耳縫合位置
底中心
80
30
車縫
B
25
※裡布相同尺寸
側身線 中心 側身線
33

使用質地輕且耐用的尼龍布料製作主體，再搭配上菱格壓線口袋的手提包。口袋上面還有大氣的花朵裝飾。

設計・製作／茂山多惠
46.5×47㎝　作法P.38

口袋的上下兩側皆附暗釦，下側是收納包包用的暗釦。

收納時需先將兩側摺入，使包包與口袋同寬，再摺小並以暗釦固定。

34

包包的袋蓋是拼布圖樣，收納後宛如側肩包般。主體特別選用黑色及深藍素色布料，較不容易髒。

設計・製作／菊地昌惠
43×40㎝（鋪平尺寸）
作法P.38

35

36

鋪平主體後，是較大尺寸的托特包。藉由左圖中的3個圓形魔鬼氈，就能收納成袋蓋的大小。

後袋身

拉鍊側

前袋身

優雅環保包

小碎花搭配上八角形圖騰，優雅外出時也很適合。裡袋採用防髒汙的乙烯塗料布，不小心弄髒時只需稍微擦拭即可。

設計・製作／辻壽美 38.5×45cm

37

兩側的蝴蝶結可鬆開調整袋口大小。

作法

*材料
各式拼接用布　B至D用布55×35cm　E用布55×45cm　裡袋用乙烯塗料布100×45cm　寬2.4cm蕾絲180cm　穿緞帶用布20×15cm　寬2cm緞帶2m　寬3cm平織帶130cm

*製作順序
拼接A至D製成中間袋身→穿緞帶用布縫於E上，並穿過緞帶→拼接中間袋身與E，縫上蕾絲即完成一側袋身→依圖完成環保包。

*A至D原寸紙型A面22

縫製方法

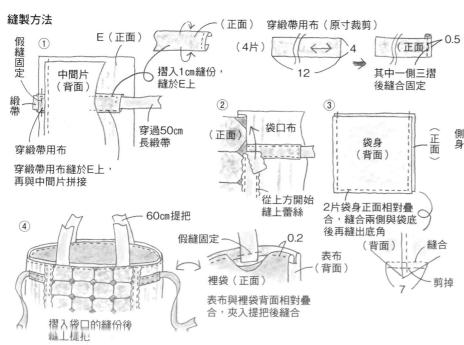

① 假縫固定　E（正面）　中間片（背面）　緞帶　穿緞帶用布
穿緞帶用布縫於E上，再與中間片拼接

穿緞帶用布（原寸裁剪）
（4片）　12　4
其中一側三摺後縫合固定　（正面）　0.5

摺入1cm縫份，縫於E上
穿過50cm長緞帶

② （正面）　袋口布
從上方開始縫上蕾絲

③ 袋身（背面）　（正面）
2片袋身正面相對疊合，縫合兩側與袋底後再縫出底角
（背面）　縫合　7　剪掉

④ 60cm提把
假縫固定　0.2
表布（背面）　裡袋（正面）
表布與裡袋背面相對疊合，夾入提把後縫合
摺入袋口的縫份後縫上提把

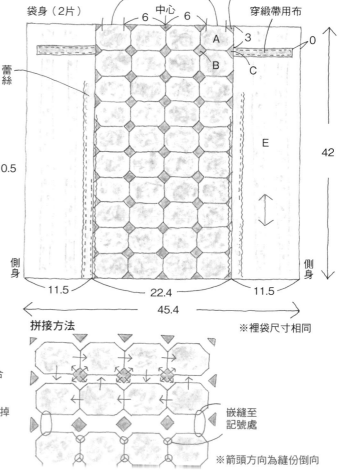

袋身（2片）　提把縫製位置　中心　穿緞帶用布
蕾絲　6　6　A　B　C　D　A　3　0
E　42
側身　側身
11.5　22.4　11.5
45.4
※裡袋尺寸相同

拼接方法
嵌縫至記號處
※箭頭方向為縫份倒向

獨特的圓盤造型，空包狀態如同一個圓盤般，放入
外出物品提起後，是個圓滾滾的可愛提袋。不僅如
此，還能裝入像是披薩常用的扁平狀盒子。

設計・製作／KITAMURA惠子
左 直徑30cm　右 直徑42cm

38

39

可以摺成1／4圓
狀，方便攜帶收納。

作法

*材料※( )內為S尺寸
上布50×45cm（35×35cm）下
布與穿提把用厚布６０×４５cm
（45×35cm）寬2.5cm緞帶90cm
（寬4cm緞帶65cm）

*製作順序請參照圖說

*上布與下布原寸紙型A面⑱

穿提把用布

（4片）←→ 人5・小3
大14
小10
↓
（正面）⇒ 0.7
（正面）
其中一側須進行　摺入縫份
Z字形車縫　後車縫

上布（2片）

大42
小30

（大21 小15）穿提把用布
緞帶

下布

中心

上布縫合位置

上布縫合位置

大42
小30

縫製方法

① 1（小0.7）
上布
（正面）
（正面）
Z字形車縫
製作上布
摺入縫份後
車縫

② 0.3（小0.2）
（正面）
（正面）
穿提把用布縫於上布上

③ 合併後疏縫
（正面）
長44cm緞帶
穿過緞帶後疏縫

S尺寸緞帶
摺雙
0.3
（正面）
寬4cm×長32cm的
緞帶對摺後疏縫

④ 下布（正面）
上布
（背面）
返口
Z字形車縫
上布與下布正面相對疊合，
沿著周邊縫合後翻回正面

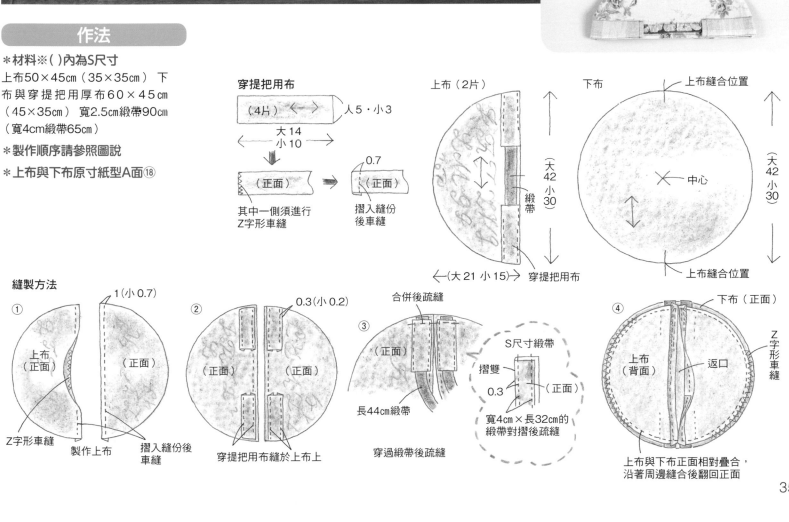

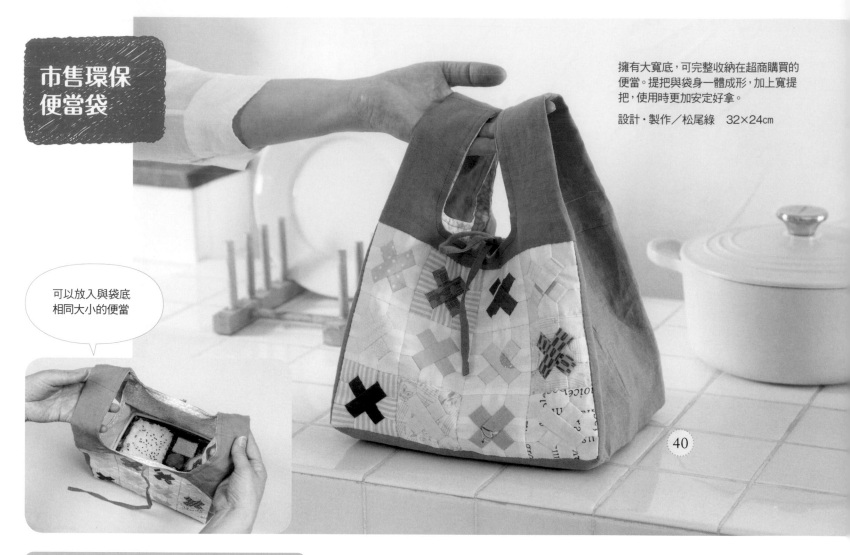

市售環保
便當袋

擁有大寬底，可完整收納在超商購買的
便當。提把與袋身一體成形，加上寬提
把，使用時更加安定好拿。

設計‧製作／松尾綠　32×24cm

可以放入與袋底
相同大小的便當

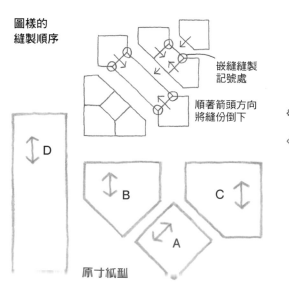

作法

＊材料
各式拼接用布　E至G用布90×40cm（含固定繩）裡布
90×45cm

＊製作順序
拼接A至D製作成24片圖樣備用。拼接E至G製成側袋身
表布→製作固定繩→以疏縫將固定繩固定於表布上，再與
裡布正面相對疊合縫合。此時，上方的圓弧狀處不需縫合
→參照圖示完成。

＊F的原寸紙型A面⑫

圖樣的
縫製順序

嵌縫縫製
記號處

順著箭頭方向
將縫份倒下

D

B　C

A

原寸紙型

縫製方法

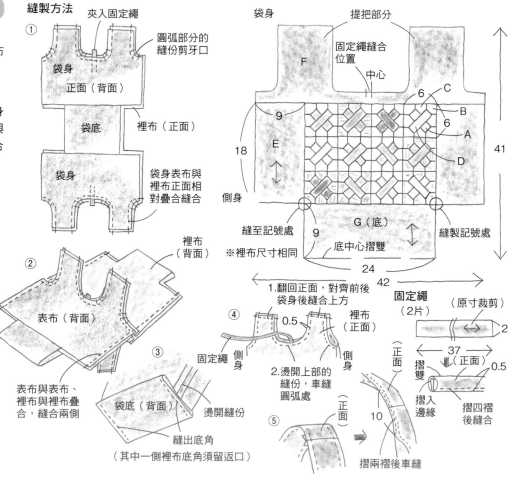

①

夾入固定繩

圓弧部分的
縫份剪牙口

袋身
正面（背面）

裡布（正面）

袋底

袋身

袋身表布與
裡布正面相
對疊合縫合

②

裡布
（背面）

表布（背面）

表布與表布、
裡布與裡布疊
合，縫合兩側

③

袋底（背面）

燙開縫份

縫出底角
（其中一側裡布底角須留返口）

袋身

提把部分

固定繩縫合
位置

中心

F

9　18　E

6　C
B
6　A
D

41

側身

縫至記號處　9

G（底）

底中心摺雙

※裡布尺寸相同

縫製記號處

24

42

1.翻回正面，對齊前後
袋身後縫合上方

④

0.5

裡布
（正面）

固定繩

側身　側身

2.燙開上部的
縫份，車縫
圓弧處

⑤

（正面）

10

摺兩褶後車縫

固定繩
（2片）

（原寸裁剪）

2

37
（正面）

摺雙

0.5

（正面）

摺入
邊緣

摺四褶
後縫合

身為葡萄酒愛好者，當然要有專屬的手作酒瓶袋！時尚的設計，適合作為前往聚會時的酒禮包裝外袋。將布料縫在接著鋪棉上，再以壓縫縫製而成，所以非常耐用。

設計・製作／松尾 綠　35×10.5cm

作法

＊材料

各式拼接用布、貼布縫用布 ⊠用布40×25cm 提把用布25×25cm（含底） 單膠鋪棉、裡袋用布各50×50cm 薄接著襯、25號綠色繡線各適量

＊製作順序

壓縫A、B，進行貼布縫與刺繡，並製作⊖的部分→⊠及底進行壓縫→縫製成四方柱狀（裡袋也以相同作法處理）→製作提把→參考圖示完成。

※文字貼布縫作法：將貼上薄接著襯的布依照尺寸裁下（原寸裁剪），再以1股繡線沿著布邊縫上。

＊原寸貼布縫圖案A面⑬

提把縫合位置　　提把縫合位置
3　3　　　　3　3　　B ↔
　　　　　　　　　　0.5 側身
心中心　　　A　　　1.5
6

35

45.5

十字繡（取6股線）　貼布縫
縫合

10.5　　10.5
↔
10.5　底

裡袋的其中一側底邊需留返口

※裡袋為相同尺寸布片

縫製方法

鋪棉

① 接合側身（下方縫至記號處）

② 縫合側面與底部（在側面邊角的鋪棉處剪牙口較易縫合）

42
提把　疏縫固定
主體（背面）
裡袋（背面）
（背面）

裡袋（正面）

疏縫固定提把，將主體與裡袋正面相對疊合，縫合開口再翻回正面

縫合返口，沿著袋口車縫

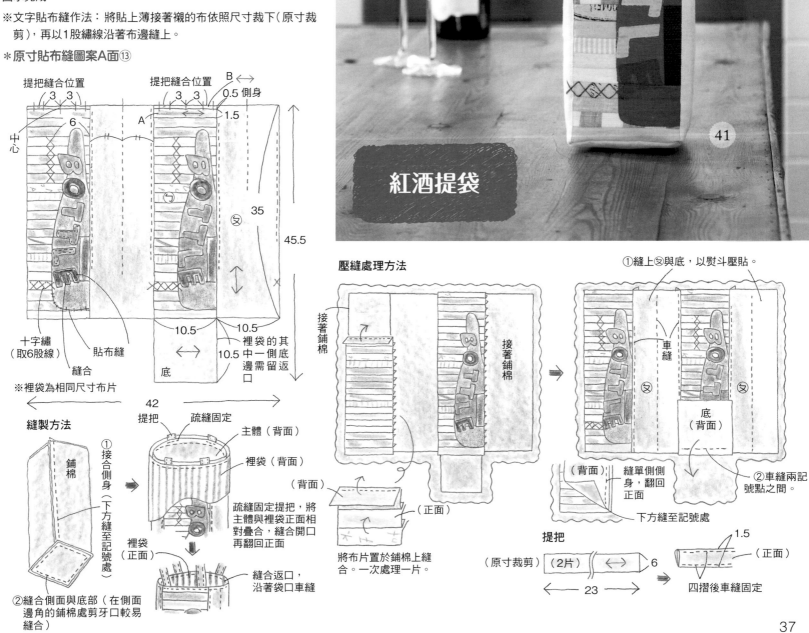

41

紅酒提袋

壓縫處理方法

接著鋪棉

接著鋪棉

（背面）

（正面）

將布片置於鋪棉上縫合。一次處理一片。

① 縫上⊠與底，以熨斗壓貼。

車縫

⊠

⊠

底（背面）

（背面）　縫單側側身，翻回正面

下方縫至記號處

② 車縫兩記號點之間。

提把

（原寸裁剪）（2片）↔ 6
← 23 →

1.5
（正面）
四摺後車縫固定

＊材料

NYLON TAFFETA尼龍布110×50cm　口袋用表布、胚布、鋪棉各
30×20cm　直徑1.3cm磁釦1組　直徑1.8cm　包釦1個

＊製作順序

製作口袋→裁剪主體布，縫上口袋→製作提把→自底部中心對摺主
體，依圖示進行縫合。

※尼龍布料的處理方法請參照P.73

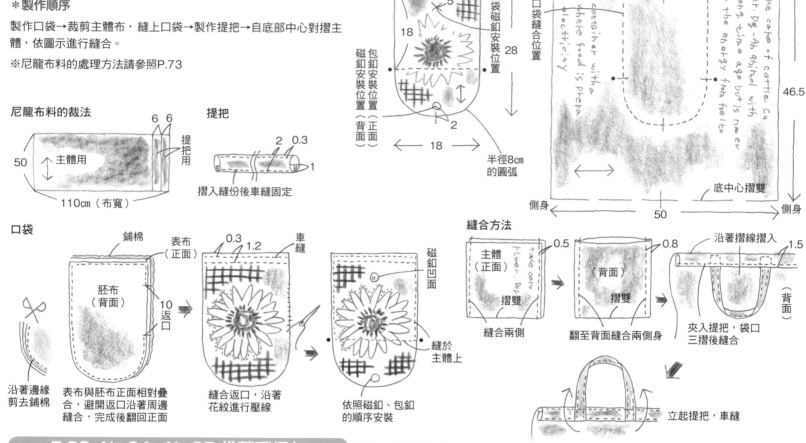

尼龍布料的裁法

提把

摺入縫份後車縫固定

口袋

口袋

縫合方法

立起提把，車縫

＊材料

各式拼接用布　主體用布110×80cm
（含提把、滾邊）裡袋用布110×65
cm（含袋蓋布襯）　薄單膠鋪棉
25×20cm　直徑2.2cm背膠魔鬼氈3
片（鉤毛同體類型）

原寸紙型

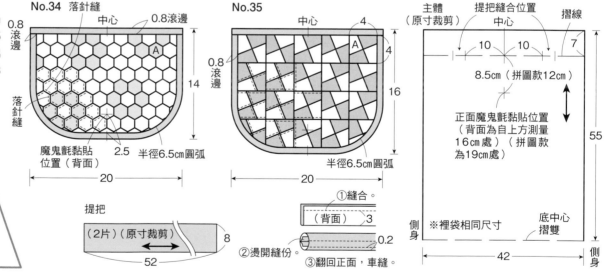

提把

①縫合。
②燙開縫份。
③翻回正面，車縫。

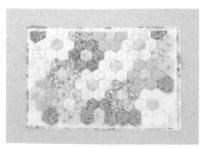

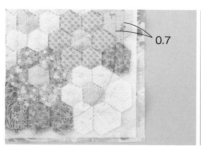

1　拼接完成袋蓋表面，以熨斗燙貼鋪棉。疊上鋪棉後疏縫固定，再進行壓線。將
紙型畫於正面上方，描繪完成線。

2　此處須將縫份裁至0.7cm。使用量尺於0.7cm線外側處標註記號線，圓弧部分以
點的方式標註記號。

3 滾邊用織帶裁成3.5cm寬,穿過18mm的滾邊器,以熨斗壓整,製成兩褶織帶。

4 織帶與袋蓋正面相對,自邊緣對齊織帶及袋蓋,並以珠針固定圓弧處。※滾邊小技巧請參考P.73解說。

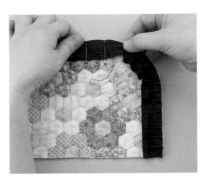

5 以回針縫縫於織帶摺線上方。

6 將織帶反摺入背面。將5的針腳當作參考點,將縫份捲入進行藏針縫。

7 上方的織帶兩側需多留布,縫法與圓弧相同。反摺至背面後,如右圖所示,將多餘的布摺入後縫合。

摺

8 主體布裁成寬110cm×高42cm(無縫份),對摺後於側身1cm內側處車縫固定。

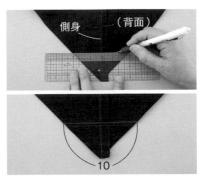

側身 (背面)

10

9 製作底角。將側身向中心摺成三角形,於10cm處用量尺標註記號。

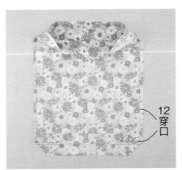

12 穿口

10 製作裡袋。與主體相同對摺,於側身留下返口後縫合。底角作法與主體相同。

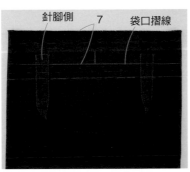

針腳側   7   袋口摺線

11 主體翻回正面,於正面畫上摺線與中心記號,再疏縫固定提把。以布用膠帶即可輕鬆完成固定。

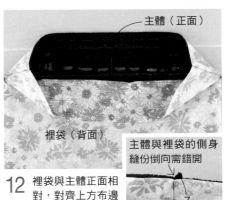

主體(正面)

裡袋(背面)

主體與裡袋的側身縫份倒向需錯開

7

袋口摺線

12 裡袋與主體正面相對,對齊上方布邊後,以布膠稍作固定。裡袋標上袋口摺線。

13 沿著摺線上方車縫。使用自由臂(Free Arm)較易處理。

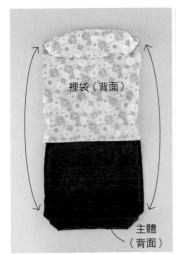

裡袋(背面)

主體(背面)

14 暫時翻回上圖的樣子,對齊裡袋與主體的袋角,並在袋角縫線上車縫。

底

口

主體底側   裡袋底側

縫合

15 自裡袋的返口翻回正面後,再將返口縫合。袋口以熨斗整平,並於袋口0.5cm及1.5cm處車縫。

16 將袋蓋縫於主體上。袋蓋邊緣對齊下方針腳處,車縫滾邊兩側即完成。

攝影／島田佳奈・腰塚良彥（步驟） 山田和正（作品）

插畫／木村倫子

夏季首選！一起挑戰編繩手作！

若已作膩了一般的拼布，不妨試試不同造型的作品吧！

無論是簡單易作款，或是進階挑戰，通通都可以在這裡找到嘍！

編繩工藝小物

擁有美麗漸層色彩的杯墊、隔熱墊、籃子等，都是將
細長條的帶狀布條捲成圓繩後再捲成圓形，並車縫而
成。只要掌握技巧，新手也能輕鬆、迅速完成，先從
小杯墊開始製作吧！

設計・製作／飯田奈緒美

No.42　直徑約10㎝　No.43　直徑約15㎝

No.44　直徑約17㎝高約7㎝　作法請參考P.46

以2字型腳車縫，就能作出非常漂亮的車面。

圓形手提包的作法是從椭圓形袋底開始，慢慢地捲至整個袋身。因為使用的編織材料為圓繩，所以可作出立體袋身，是此織法的優點。因為較具重量，所以建議以小包為主。

設計・製作／飯田奈緒美　No.45　約18.5×31cm　　No.46　約17×29cm
作法P.46

袋底至袋身使用了數種布料捲成。

固定提把的零件特別使用YOYO拼布的作法遮住。

開口較大，建議放入束口袋造型裡袋，就不必擔心物品掉出或露出。

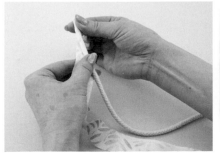

將寬2.5cm帶狀布條捲成6mm的繩狀，自中心開始盤捲，並以Z字針腳車縫固定。因為布料本身的花紋較不明顯，可使用平時較不適合用來製作拼布的布料，會有意外的收穫喔！如同示範作品使用同色或近似色的布片拼接製作，就能作出漂亮的漸層。

47

48

拼接瘋狂拼布地墊與抱枕。將區塊以壓縫的方式縫至鋪棉上，與裡布縫合
後再進行壓線。只要利用空閒時間製作小區塊，待收集足夠的數量後，就
能依喜好尺寸完成拼被或地墊，抱枕只需要8片區塊即可完成！

設計・製作／齋藤紀代子
地墊　180×126㎝　　抱枕36×36㎝　　作法P.43

無論是只以區塊拼接，或使用自己喜愛的圖樣，都很有趣。

拼接地墊＆抱枕

●材料

相同　各式拼接用布

拼接地墊　裡布110×310㎝　鋪棉90×400㎝

抱枕　裡布110×45㎝　鋪棉90×45㎝

手工藝棉適量

拼接地墊

1.請參考下方作法製作70片區塊

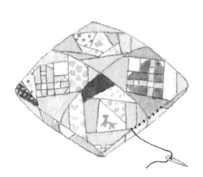

落針壓縫

喜歡的圖樣

10

10

18

18

18

18

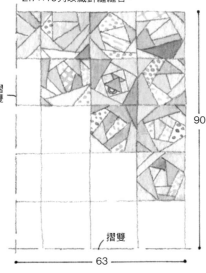

2.7×10列以藏針縫縫合。

摺雙

摺雙

90

63

抱枕

1.製作8片區塊，以藏針縫接合4片。

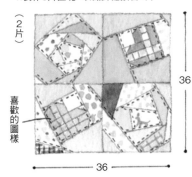

（2片）

喜歡的圖樣

36

36

2.2片正面相對疊合，以藏針縫縫合。

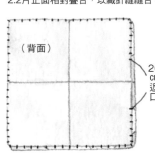

（背面）

20㎝返口

3.翻回正面，塞入棉花，以藏針縫縫合開口。

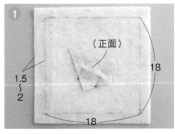

區塊的作法……指導／齋藤紀代子

1

（正面）

1.5〜2

18

18

鋪棉標上記號，裁剪時預留1.5至2㎝的縫份。將布邊放於中心，以珠針固定。

2

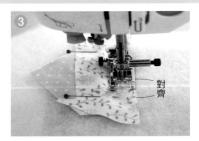

對齊此邊

（背面）

將第二片布邊正面朝下疊上，對齊其中一邊，以珠針固定。

3

對齊

將縫紉機壓布腳沿著❷中對齊的邊車縫。

4

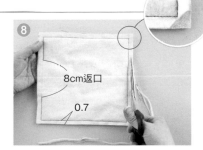

★

翻回正面，將接下來要車縫的邊（★）整理成直線。

5

（背面）

（正面）

放上第三塊布邊並以珠針固定，車縫後翻回正面。

6

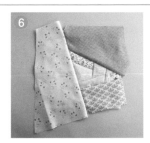

慢慢拼接上布邊，直到完全蓋住鋪棉。

7

18

18

紙型

將紙型置於鋪棉側，描上完成線並粗略地修剪。

8

8㎝返口

0.7

將相同尺寸裡布正面相對疊合，車縫周邊，剪去縫份與四角鋪棉。

9

翻回正面，摺入返口處的縫份，並以藏針縫縫合。以錐子整理四角。

10

於周邊1至1.5㎝內側疏縫，於布邊交接處進行落針壓縫處理。

11

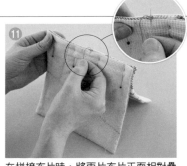

在拼接布片時，將兩片布片正面相對疊合後，以珠針固定邊緣，挑起表布以藏針縫拼接。

12

挑起裡布以藏針縫縫合。表布與裡布重覆縫合固定，更為耐用。

43

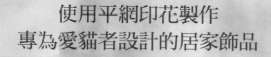

使用平網印花製作
專為愛貓者設計的居家飾品

使用貓咪印花製成的居家飾品3件組。搭配貼布縫縫上貓咪喜歡的玩具，與印花上的貓咪腳印，就是一幅超級可愛的設計。收納盒的作法是先作出立體貓咪後，再縫到收納盒上。

設計・製作／尾崎洋子
迷你壁飾31.5×43.5cm　抱枕42×42cm
作法P.45
收納盒15×18.5cm　作法P.110

迷你壁飾與收納盒背面。

抱枕背面以貼布縫繡上貓咪的背影，枕芯開口則以暗釦固定，就成為雙面用抱枕了！

迷你壁飾＆抱枕

●材料

相同　各式拼接用布　貼布縫用布、平網印花、25號青色繡線適量

迷你壁飾　滾邊用寬3.5cm織帶160cm　鋪棉、胚布各35×50cm　寬2.8cm蝴蝶結、寬0.8cm鈴鐺各1個

抱枕　鋪棉、胚布各100×50cm　滾邊布・返口布45×10cm　直徑1.3cm樹脂暗釦8組

※貼布縫的四周需進行落針壓縫。

※貓咪的部分，只要順著圖案壓線即可。

※抱枕上的英文字母、緞帶、腳印等貼布縫部分，若以縫紉機處理，需先貼上雙面接著襯並沿著圖案裁下（不須縫份），再以熨斗壓貼至布面上並以Z字針腳壓線。

※A至E原寸紙型、貓咪＆腳印以外的貼布縫圖案A面⑩

抱枕

1.拼接、貼布縫、刺繡作出表布後進行壓線

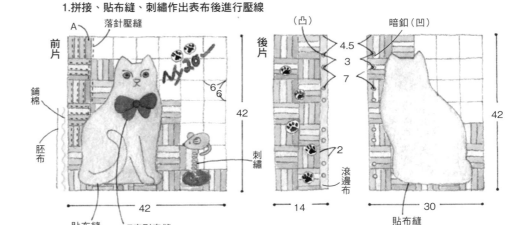

迷你壁飾

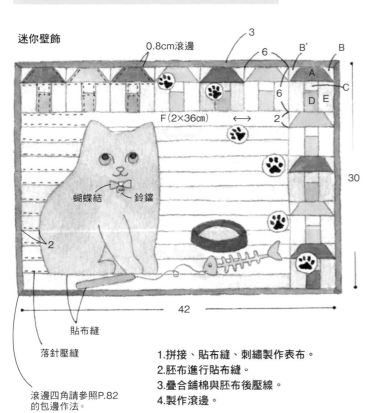

1.拼接、貼布縫、刺繡製作表布。
2.胚布進行貼布縫。
3.疊合鋪棉與胚布後壓線。
4.製作滾邊。

滾邊四角請參照P.82的包邊作法。

製圖

抱枕

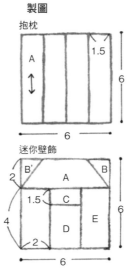

迷你壁飾

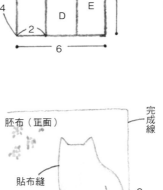

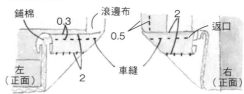

2.抱枕背面開口

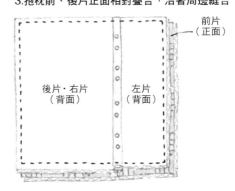

①鋪棉裁剪時，需比完成線多預留2cm。滾邊布裁剪時，需保留6cm寬的縫份。完成後，兩者正面相對疊合縫合。
②捲入縫份，以藏針縫固定。
③車縫壓平開口（右側相同作法）
④安裝暗釦（右側相同作法）

①寬4cm無縫份返口布正面相對疊合縫合。
②將縫份摺至背面後，以藏針縫固定。

3.抱枕前、後片正面相對疊合，沿著周邊縫合

作品中使用的平網印花圖樣

平網印花中有3隻貓咪，另外還有下方視角的肉球＆緞帶、腳印等各式圖案，皆可發揮創意使用。

布料提供／さららJAPAN moelan studio（株）

來挑戰編繩手作吧！……指導／飯田奈緒美

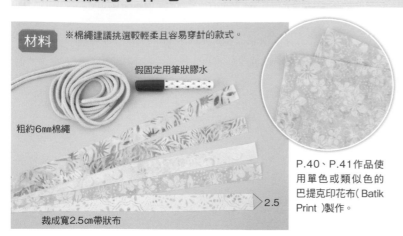

材料 ※棉繩建議挑選較輕柔且容易穿針的款式。

假固定用筆狀膠水

粗約6mm棉繩

裁成寬2.5cm帶狀布 >2.5

P.40、P.41作品使用單色或類似色的巴提克印花布（Batik Print）製作。

橫紋

將布料裁成寬2.5cm布條時，使用滾刀較方便。需沿著略有延展性的橫紋方向裁切。

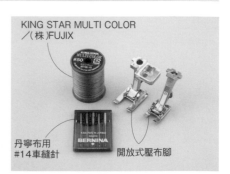

KING STAR MULTI COLOR ／（株）FUJIX

丹寧布用#14車縫針　開放式壓布腳

進行Z字車縫時，需使用方便看到針腳的開放式壓布腳。車縫針使用較尖銳的丹寧布用#14車縫針。車縫線使用50號線。建議配合布色選用漸層色車線。

基本製作方法……僅以杯墊為例

將布條捲成布繩

1
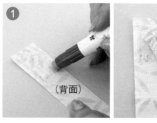

（背面）

布頭背面塗上膠水，斜放上繩子。

2
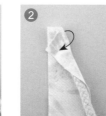

摺入布頭包住繩頭。

3

拉此處

斜向捲上布條。布條與布條之間需略微重疊（約1／3布寬），以遮住繩子。此步驟須一邊拉布條一邊捲※。捲一小段後，使用不容易彈開的夾子將繩子固定於桌緣。追加布條時，兩布重疊1cm並以膠水固定即可。

※90cm繩子約需110cm的布條

捲成圓盤狀並施以Z字車縫

4

布頭朝下

Z字車縫的寬幅為4.5mm
送2.5mm

捲一段後※放平繼續捲。起頭處盡量拉緊。約至直徑3cm後，以較長的珠針固定。
※建議布條避免過長，一邊縫一邊捲上即可。

5

當車針落到右側時就換方向

繩頭朝下置於縫紉機上，起針時，先自繩頭向右側繞繩後再開始縫製（左）。最初先一針一針地車縫，以方便調整方向。一邊調整方向，一邊縫至珠針固定處後，就可以一邊捲繩一邊縫。須注意避免讓繩子鬆開。

6
於終點處作記號

捲到接近所需大小時就先暫停捲繩、停針。於捲繞終端的繩子上標註記號。

起捲處

捲繞終端位置於起捲點終端的延長線上

途中需在起捲位置上插入珠針以作記號

捲繞終端的收尾方法

7
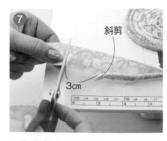
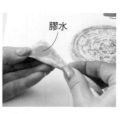

斜剪
膠水
3cm

自記號處斜向剪斷繩子。於布條背面塗上膠水包住繩子，尾端整平。

8

以膠水將平面的布條貼至圓盤上，車縫至有圓繩處。接著車縫無繩的布頭處，須將右側針落至外側，此時建議以錐子壓住車縫處附近（右上）。

9

如同以線將圓盤包住般，將車線拉至外側。車縫至捲繞終端時，回針數針，預留一段長線後剪斷。縫線打結，以縫針壓入繩中藏住線結。

手提包須從橢圓形袋底開始捲起

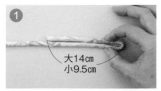
大14cm
小9.5cm

橢圓形的作法如上圖所示，將圓繩摺成所需長度。

45度

平捲6圈車縫固定後，斜45度，捲繞2圈後再車縫固定。

60度

接下來，斜60度，捲至所需圓周（大約71.5cm 小約66cm）並車縫。完成後，依下方圖說製作。

途中需要捲布時

如上圖所示，以夾子將布繩固定於縫紉桌桌緣即可。

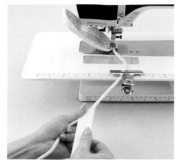

P.40、P.41作品

●材料

手提包（大） 2.5cm寬×110cm的布23條 寬6mm棉繩22.7m 裡袋布2種各40×75cm 直徑0.3cm麻繩160cm 直徑0.4cm串珠2個 拉繩裝飾布、手工藝填充棉

手提包（小） 2.5cm寬×110cm的布20條 寬6mm棉繩19.3m

相同 提把零件裝飾用布適量 長42cm附安裝零件皮革製提把1組

杯墊 2.5cm寬×110cm布2條 寬0.6cm棉繩2.2m

收納盒 2.5cm寬×110cm布6條 寬0.6cm棉繩6.6m

隔熱墊 2.5cm寬×110cm布3條 寬0.6cm棉繩3.3m

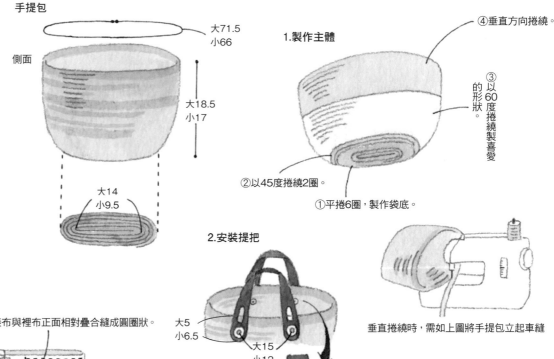

手提包

側面
大71.5 小66
大18.5 小17
大14 小9.5

1.製作主體
④垂直方向捲繞。
③以60度捲繞製成喜愛的形狀。
②以45度捲繞2圈。
①平捲6圈，製作袋底。

垂直捲繞時，需如上圖將手提包立起車縫

2.安裝提把
大5 小6.5
大15 小12

手提包內側的金屬零件部分，以YOYO拼布的方式遮住即可

底座
摺0.8cm
①放上完成抽縫的布（無縫份直徑5cm），穿過金屬腳，穿過底座後摺平。
②拉線，使布緊縮。

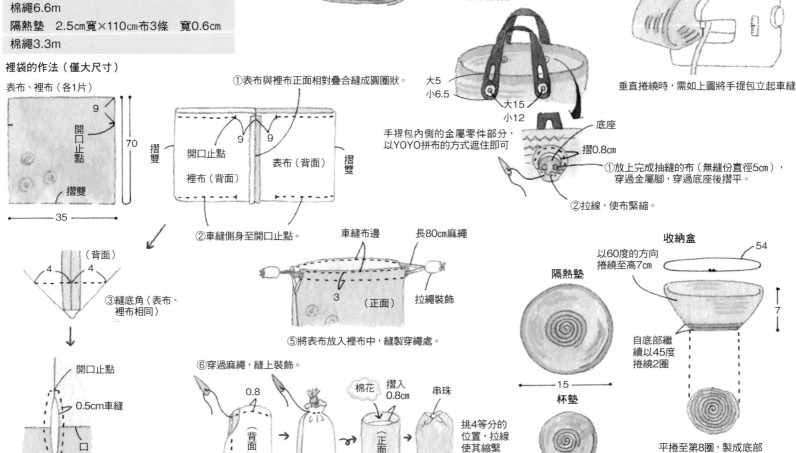

裡袋的作法（僅大尺寸）

表布、裡布（各1片）
9
開口止點
摺雙
70
35

①表布與裡布正面相對疊合縫成圓圈狀。
開口止點
裡布（背面）
9 9
表布（背面）
摺雙
②車縫側身至開口止點。

（背面）
4 4
③縫底角（表布、裡布相同）

開口止點
0.5cm車縫
口
（正面）
④自開口處翻回正面，並縫製穿繩口。

車縫布邊
長80cm麻繩
3
（正面）
拉繩裝飾
⑤將表布放入裡布中，縫製穿繩處。

⑥穿過麻繩，縫上裝飾。
0.8
（背面）
0.8
6×10（無縫份）

穿入打結後的麻繩，縮縫

棉花 摺入0.8cm
（正面）
麻繩
串珠
挑4等分的位置使其縮緊

收納盒
54
以60度的方向捲繞至高7cm
7

隔熱墊
15

自底部繼續以45度捲繞2圈

杯墊
10

平捲至第8圈，製成底部

配色教學

一邊掌握配色的基礎，一邊練習拼布獨特的配色吧！此次主題是雅致、有型的配色。將為您介紹具有成熟風格且可完全襯托主圖樣的配色法。

指導／島野德子

可完全襯托圖樣的典雅配色

使用茶色或是黑白配色等低彩度印花布料製作拼布圖樣，容易作出沉重且不鮮明的配色，因此需要搭配素色或較亮色的布料，以襯托出圖樣的造型，整體感也更加俏麗，一起來學展現個性配色的技巧吧！

雅致的同色系布邊

> **藉由深淺色作出對比**

暗 ⟶ 明

同樣的茶色系，還可以細分明暗，接近黑色的深茶色，或接近土黃色的亮茶色。此處特別挑選茶色與白色單色印花布料，避免選用其他顏色，就能作出成熟穩重的配色。

若全部的材料皆使用布邊，可挑選深淺色落差較大的布料，如此就能與鄰近布色作出對比。左圖範例中，單色與中間色較多，右圖範例則是藉由大量深色集中視覺效果，則會較為雅致。

> **將主圖樣分散至各處**

駝色布搭配上黑色英文字，非常鮮明。主圖樣的藍灰色布片則有茶褐色的圓點，所以在茶褐色配色中也不會顯得突兀。

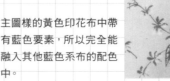 

主圖樣的黃色印花布中帶有藍色要素，所以完全能融入其他藍色系布的配色中。

若全部皆使用不同圖樣的布邊，看起來會很凌亂。但只要多重複幾次使用主圖樣，就能作出統一感。範例使用的是藍灰色與駝色。（梯形狀圖樣）

挑選同色系布邊時的要訣，在於必須挑出深淺漸層。範例中所選的布邊皆為位於水藍色→藍青色→深藍色間的布邊。（Ocean Wave）

黑白色調

以素色黑布展現時尚潮流的風情

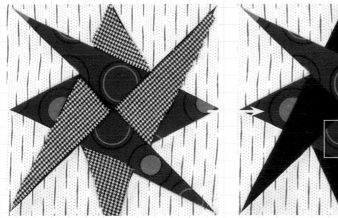

改變圖樣也能提升效果。若搭配素色黑布，可挑選有黑色紋路的大圖樣布料。

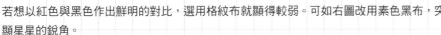

底色建議使用不同的圖樣，此處選擇以白底為主的細直條紋布。直條紋剛好可以與紅色圓形形成對比。

若想以紅色與黑色作出鮮明的對比，選用格紋布就顯得較弱。可如右圖改用素色黑布，突顯星星的銳角。

減少色數，突顯圖樣

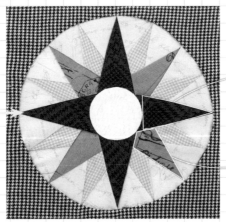

裁剪時避開碎花圖樣，僅採用近素色的部分，就能強調羅盤指針的尖銳感。花朵部分可以使用在其他作品的配色。

左側羅盤內有紅、綠、黃等多種繽紛的配色。在羅盤外側又再多加一圈藍色，因為顏色種類過多，所以看起來較容易有孩子氣的感覺。此處只要將外圈改為黑色格紋，減少色數，就能襯托出中央的羅盤。（Mariners Compass）

利用黑白色調提升質感

選用字體及顏色不同的英文字印花布，跳脫文字方向的束縛，單純當作圖騰使用，會更有趣。

此處圖樣部分只使用了黑色與深灰色的配色，底色僅選用淺灰色，藉由兩者亮度差襯托。使用較多的細格紋，視覺感更加乾淨俐落。

灰色屬於半色調，相對較為柔和，是可以搭配任何顏色的布料。在搭配此種顏色布料時，可以選用各種英文字母系列、色彩鮮明的布料，看起來會更活潑。（莉莉安的珍藏）

底色使用淺灰色布邊。雖然此處使用了各式各樣的印花圖樣，但因皆為黑白色調，看起來更為簡單大方。（X蝴蝶結圖樣）

大花紋布料的使用技巧

使用英文字圖樣

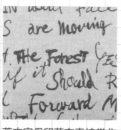

英文字母印花布直接當作貼布縫的底布。手寫草書風的文字,很有復古感。

小英文字母印花布在裁剪時須配合文字方向,看起來較為整潔。所以需考慮一下方向再裁喔!

莖葉部分使用較有質感的先染布進行貼布縫,就能作出淡雅感。花瓣部分使用深淺紅色搭配,簡單大方。(鬱金香)

緞帶部分使用紅色英文字母布料,故意挑選帶有訊息感的顏色配色。其中僅有1處使用碎花圖樣,作出不同的變化。(緞帶)

整面大圖樣布料的使用方法

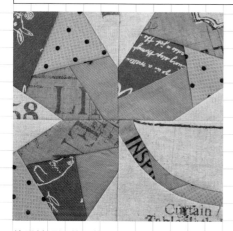

大圖樣布在使用上可以分為僅使用文字或素色部分,又或是只使用動物印花,用法多元。

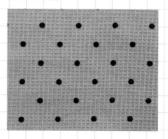

介於大圖樣與素色布之間的圓點圖樣。恰到好處的整齊感,正好能取得平衡。

使用較深沉的墨綠色系拼接,是非常具有古董質感的配色。底色僅使用大圖樣布料中素色較多的一小部分。(幸運草)

具有輕巧感的大圖樣布料

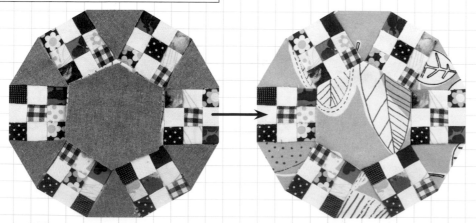

為了搭配各式各樣的布邊,而選用了素色灰布,但可能是因為灰色面積過多,所以看起來較為沉重。此時,只要換成擁有大圖樣且亮一度的灰色布料,看起來就更輕巧、有趣。

藉由關聯性選擇布邊

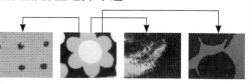

花朵圖樣中包含水藍色、紫色、黃色等要素,此時即可選用與這些要素有關的布邊,如水藍色圓點、紫色斑染風布料,及深水藍色布等。

藉由近似色選擇布邊

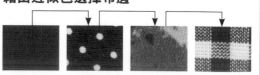

紅紫色→紫色→淡紫色→藍紫色,選用每一布邊的近似色布邊。不知如何挑選時,可以參考此作法。

多色印花+素色

圖樣部分僅使用素色布

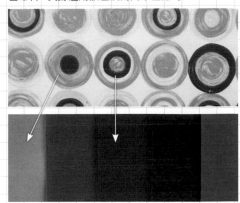

從底布上多色圓形印花中,挑出卡其色、茶色的素色布料,其餘選用該色調的同系色即可。

圖樣僅使用素色布料,視覺展現非常乾淨俐落,但若是色調不同,看起來就會顯得很凌亂。統一選用較沉穩的色調,圖樣會更鮮明。(三角拼圖)

多色印花布的使用方法

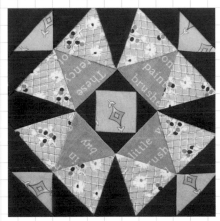

以主要碎花印花布中的暗藍色與黃色為主軸,選用與此兩色相關的印花布搭配。素色茶褐色布也是碎花印花布中的一色。

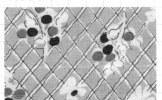

使用深茶褐色無花紋素布當作底布,圖樣部分選用淺色布料作出明暗差,圖樣更加鮮明。(Wisconsin)

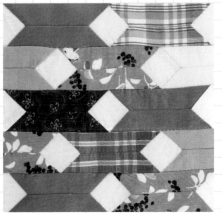

自花朵圖案中選出素色布的顏色。若只有花布看起來會很凌亂,所以需要穿插素色布平衡。

穿插素色布料,避免印花布直接相接,就能作出小小的X格紋。底部選用白色素布,更能襯托出圖樣。(STICK DIAMOND)

個性多色印花布

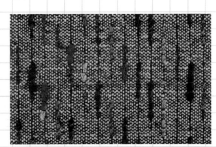

底部選用多色數印花先染布,很有原創感。有空時也可以多注意一下非拼布專用的布料喔!

若是圖樣密度相差不多的布料,儘管顏色不同,也無法突顯出圖樣的形狀。所以,小地方可以改用素色布料,就能強調出由內往外的放射感。(TENNESSEE CIRCLE)

生活手作小物

53

彩繪夏季的具象圖騰

玫瑰壁飾＆抱枕

以三角形布料拼接成一朵朵的玫瑰，再縫上葉片與藤蔓，就是一幅爬藤玫瑰的壁飾。抱枕的玫瑰則使用瘋狂拼布拼接法，並利用粉紅色與綠色作出花葉的區分。

壁飾・設計／大野浩子　製作／志田里
82×102cm
抱枕・設計／秋田順子　製作／中澤博子
47×47cm
作法P.100

小魚兒壁飾&
圓筒狀小包

神仙魚圖樣與愛爾蘭鎖鍊構成的壁飾。
宛如在房間內擺設了一台水族箱。鳳梨
圖樣與小魚兒圖樣的圓筒狀小包中，上
蓋與袋底都裝有保冷用鋁箔布，上蓋還
有易開罐拉環。

壁飾設計・製作／佐藤輝美
49.5×49.5cm
作法P.106

圓筒狀收納包設計・製作／高須ATSUMI
No.55 高18.5cm直徑11cm
No.56 高8.5cm直徑11cm
作法P.102

壁飾神仙魚製作方法請參考《拼布職人必藏聖典！
拼接圖案1050 BEST選》（繁體中文版由雅書堂
文化出版）

帆船嬰兒毯

帆船採用主調藍色的配色，與黃色
格紋正好形成對比。不經意冒出的
海豚圖樣十分可愛。尺寸加大就能
當作壁飾裝飾。

設計・製作／藤井英子
121.5×100.5cm
作法P.101

杯子們的集會壁飾

倒入果汁後的玻璃杯，透著帶有透明感的粉嫩色彩，馬克杯以印花布製作，劇如茶杯組，還配上了冷水壺與熱茶壺，有趣的設計十分適合裝飾在會客處的空間，「您要喝果汁還是紅茶」呢？

設計·製作／鶴享子
（指導／藤村洋子）
74×73cm
作法P.103

58

擁有夏季海洋配色的包包與室內裝飾

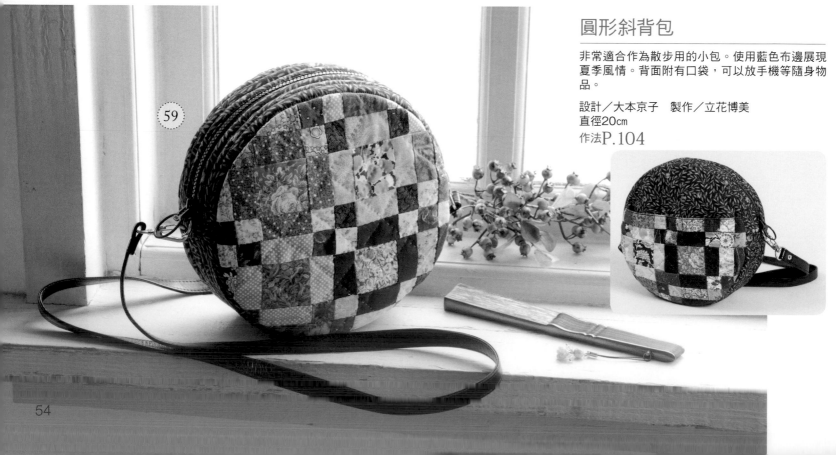

59

圓形斜背包

非常適合作為散步用的小包。使用藍色布邊展現夏季風情。背面附有口袋，可以放手機等隨身物品。

設計／大本京子　製作／立花博美
直徑20cm
作法P.104

寶寶益智積木圖樣
肩背包&眼鏡袋

沉穩的藍色大尺寸手提包，適合作為拼布
練習作品。長提把可當作肩背，袋口內附
有蓋布，可避免物品露出。

設計／中島幸子　製作／野中美和子
側肩包25.5×49㎝
眼鏡袋9×18.5㎝
作法P.105

60

61

同系列的眼鏡袋附掛有繩，
可綁在提把上。

織りネーム布料提供／NEO JAPAN

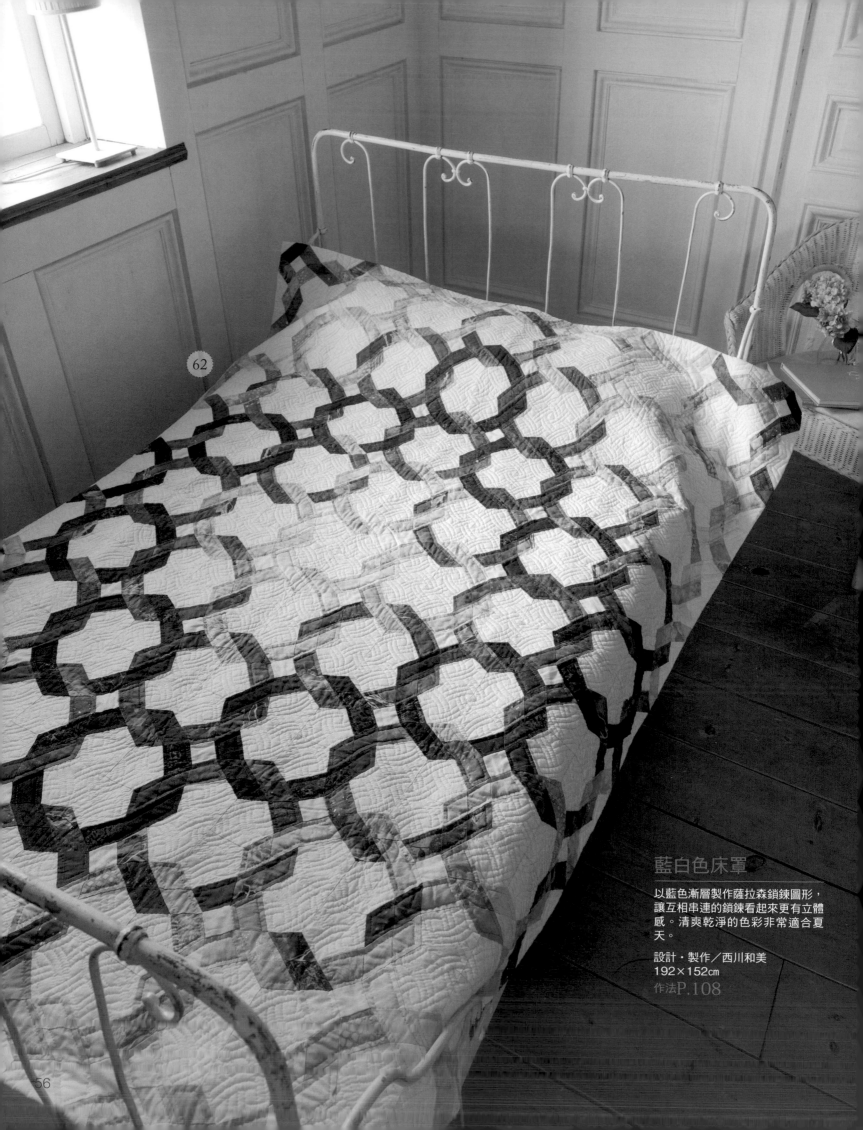

62

藍白色床罩

以藍色漸層製作薩拉森鎖鍊圖形，
讓互相串連的鎖鍊看起來更有立體
感。清爽乾淨的色彩非常適合夏
天。

設計・製作／西川和美
192×152cm

作法P.108

56

63

「教堂之窗」托特包

將長方形教堂之窗花紋以藏針縫縫至手提包
表袋。袋口處具拉鍊開關設計，後側與前側
相同，只有上方留開口製成口袋。

設計‧製作／塚山和江
22×40cm
作法P.107

拼接教室

攝影／腰塚良彥（製作步驟）山本和正（作品）

「命運的紡車」

圖案難易度

於八角形圖案周邊圍繞小三角形，表現出不停轉動的紡車。布片數量較多，所以僅有1個圖案也很鮮明。雖然也能不以嵌縫縫法製作，但較容易弄錯位置，所以需一邊縫一邊確認排列位置。

指導／柴田明美

簡單方便的小斜背包

拼接2塊紡車圖案的長方形斜背包，非常適合散步使用。以捲針縫將前後兩側組合，搭配上透色拉鍊與白色肩背帶，可愛又清爽。

設計・製作／柴田明美 17×28cm 作法P.61

詳細解說
製作步驟

64

兩用休閒後背包

使用近似素色的主體布，使用布邊拼接而成的圖樣展現質感。可直接使用市售的皮革肩背帶與提把，非常實用。取下肩背帶，就能當作手提托特包使用。

設計・製作／柴田明美
30.5×30㎝　作法P.109

拉鍊襠布以2個相同花色包釦夾縫。以布邊製作的拉鍊裝飾也是小巧思。

內附拉鍊內口袋，便能安心地放入錢包等貴重物品。

後側背帶需扎實地縫製墊片部分。取下肩背帶即變成托特包！

65

拼接方法

以直線縫方式拼接，不使用嵌縫，所以須先以B至D製成小布片後，再接縫至周邊。先接縫右上與左下的五角形小布片，再接縫左上與右下的三角形小布片。為了避免弄錯顏色的配置，建議先將全部小布片排列後，再開始拼接。

＊縫份倒向

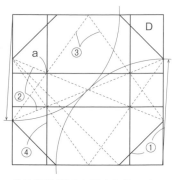

① 繪製通過正方形中心的1／4圓。四角繪製三角形D。繪製通過②③交點a的線④。

與④一樣繪製⑤，連接各個交點。

1 準備1片A與4片B，接縫於上下左右。於背面放上紙型，並以2B鉛筆等標上記號，留0.7cm縫份後裁剪。

2 A與B正面相對，對齊記號處並以珠針固定。自邊緣往回一針回針縫後進行平針縫。縫至終點時，也須在邊緣回一針。

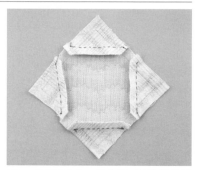

3 於縫份0.6cm處裁切，並將縫份倒向A側。

4 製作圖樣右上方正方形的小布片。接縫2片B。接縫2組，共4片。皆須從一側布端縫至另一側布端。

5 接縫2片B後的縫份，皆需倒向深色側。將2組布片正面相對疊合，自邊緣回針縫一針後開始縫合。縫至接合處時，回一針後再繼續縫至另一側布端。

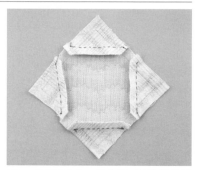

6 製作2片拼接B與C的布片，並拼接於5的布片兩側。自邊緣縫至另一側布端，縫份倒向深色側的B。

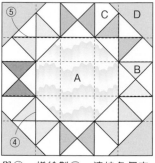

7 縫份倒向B側。

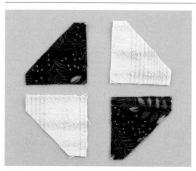

8 右上方拼接D。正面相對疊合，自布端縫至另一側布端。接合處需進行一針回針加強。縫份倒向D側。

9 於3的右上拼接8。以相同方法製作五角形小布片並接縫於左下方。

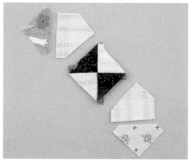

10 8的五角形正面相對疊合於3上，以珠針固定記號處與接合處，自邊緣縫至另一側布端。接合處以回針縫補強，縫份倒向3側。

11 左上與右下拼接上由B至D拼成的三角形。接合處以回針縫補強，縫份倒向9側。

P.58 斜背包

裁布圖（單位㎝）
※除了特別標示為（原寸裁剪）處，其餘皆須留縫份

●材料

各式拼接用布　B、C用白色印花布40×30㎝　後側用布
30×30㎝（含D、E、鉤環）　F用布30×15㎝　胚布
50×40㎝（含內口袋）　鋪棉45×35㎝　30㎝拉鍊1條　內
寸1.1㎝　D形環2個　長130㎝附鉤扣皮製肩背帶1條

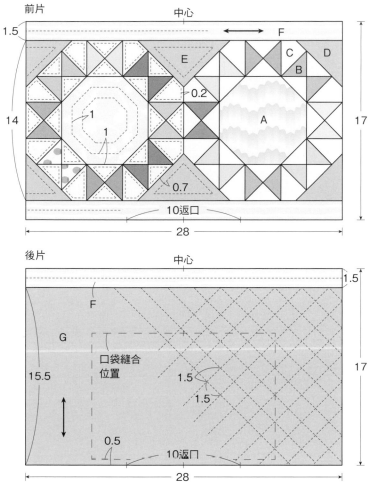

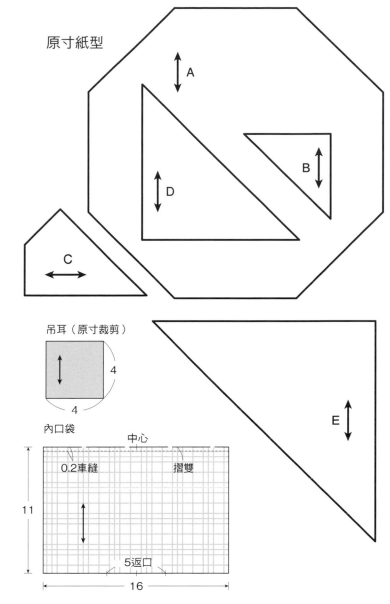

原寸紙型

吊耳（原寸裁剪）

內口袋

1 製作前袋身圖樣

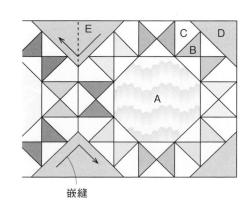

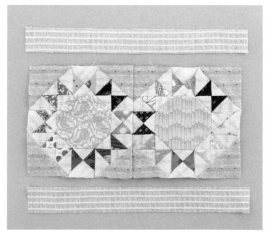

拼接A至D，製作2個紡車圖案後接縫。正面相對疊合並
以珠針固定記號處與接合處，自邊緣縫至另一側布端。
接合處需補一針回針縫加強。

若不想讓中央的接線過於明顯，可以將2片D
以大三角形E替代拼接。雖然需以嵌縫縫合，
但較為美觀。範例作品正是以此方式製作。

拼接上下片。因為是長直線，以車縫製作較有效
率。以珠針固定記號與接合處，若採手縫，則須於
接合處以回針縫加強。

2 | 描繪壓線

以尺於A、C、D內側繪製壓線。建議使用方格尺以便對齊。

3 | 縫合布襯與鋪棉

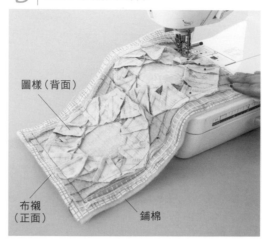

圖樣（背面）
布襯（正面）
鋪棉

將圖樣與布襯正面相對疊合，再於下方疊上鋪棉並以珠針固定，留返口後車縫周邊。若以手縫，接合處需回針補強。

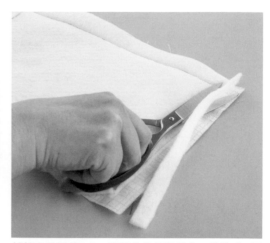

鋪棉自針腳留0.2cm後剪去多餘的部分。裁剪時，需平放剪刀、立起鋪棉，以避免剪到圖樣與鋪棉。

4 | 翻回正面後縫合返口

圖樣與鋪棉留0.6cm後，剪去多餘部分。使用剪布專用剪刀目測裁剪即可。

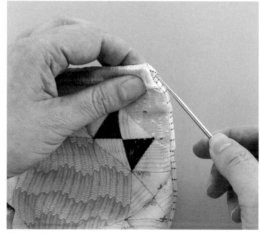

自返口翻回正面。以錐子工具整理四角，整理成漂亮的直角。

縫合返口。沿著完成線將圖樣與布襯摺入內側，並以珠針固定。使用與布色相近的縫線以藏針縫縫合。

5 | 疏縫與壓線

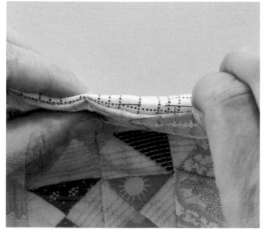

如圖以藏針縫縫合。為了避免針腳歪斜，入針處須為出線處的正上方，且必須讓針平行。

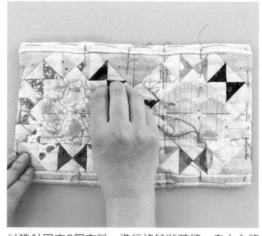

以珠針固定3層布料，進行格紋狀疏縫。自中心縫出十字形，再從上下左右進行疏縫。外側也須疏縫一圈。

自中心向外側進行壓線。中指套上頂針，一邊壓針頭一邊挑3層布。一次挑2至3針，針腳會較為漂亮。

6 | 後側亦進行壓線

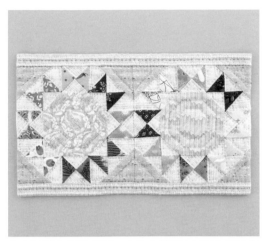

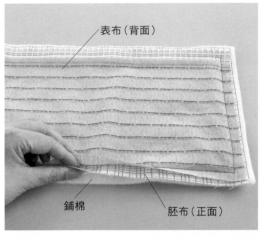

表布（背面）

鋪棉　　胚布（正面）

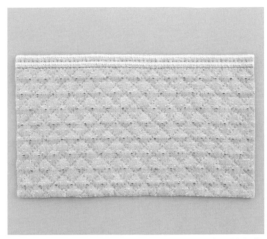

完成圖案內側的壓線。A的內側與上下F也須進行壓線。

後側拼接F及G製成表布後，描繪格狀壓線。與前側相同，表布與布襯正面相對疊合後，再疊上鋪棉，並留返口，縫合周邊。

自返口翻回正面並縫合返口。疏縫後壓線。若想作出斜向格子狀的壓線，必須確實進行上下左右方向的疏縫，以避免布料向斜向拉長。

7 | 製作內口袋

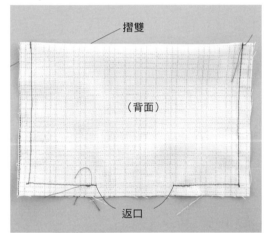

摺雙

（背面）

返口

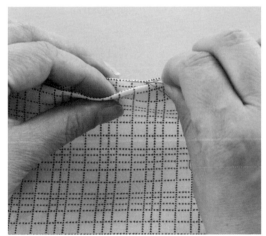

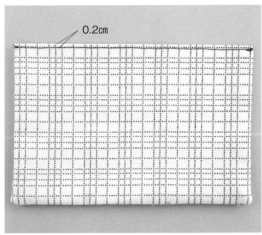

0.2cm

裁剪內口袋布，正面相對對摺，留返口後，縫合周邊。

自返口翻回正面。沿完成線將縫份摺入內側，使用珠針固定後，以藏針縫縫合。此處也需讓針平行於身體，交互挑兩側的山摺線。

以車縫或手縫縫合口袋口內側0.2cm處。

8 | 以藏針縫縫合內口袋

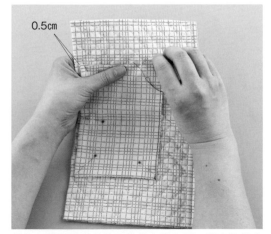

0.5cm

9 | 以捲針縫縫合前後袋身

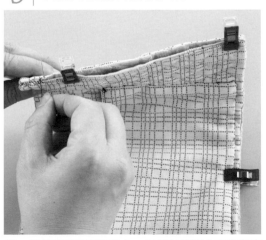

將內口袋以藏針縫縫至後袋身的內側。對齊後袋身與內口袋中心點，在底部約0.5cm位置以珠針固定，以藏針縫縫合兩側與底部。

取與布色相近的縫線，自出針處正上方以藏針縫縫合，以避免針腳歪斜。挑布時挑至鋪棉即可，須注意針腳不可出現於表布。

前、後袋身正面相對疊合，以捲針縫縫合兩邊與底部（請參考P.83），製成袋狀。進行捲針縫時，只挑前後袋身的表布，並由左自右捲繞。可以強力夾固定較為方便。

10 縫合拉鍊

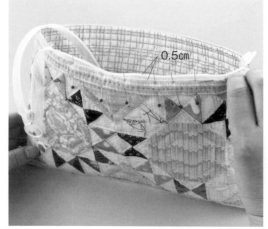
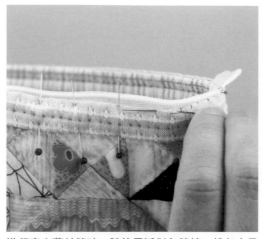

拉鍊上止處以珠針固定於主體側身線0.5cm處，自正面以直向藏針縫縫合。拉鍊齒露出部分大約為0.5cm處。

進行直向藏針縫時，請使用近似色縫線。挑起少量的山摺線，並於出線處正上方入針並挑起拉鍊布縫合。

以藏針縫縫合拉鍊布端時，須避免讓針腳露出。上止側可先將拉鍊布端疊合後，摺至內側再斜摺，就能漂亮地收整。

11 縫製D形環布

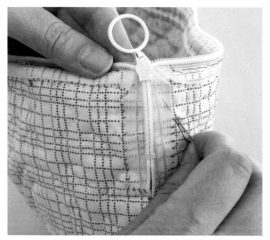
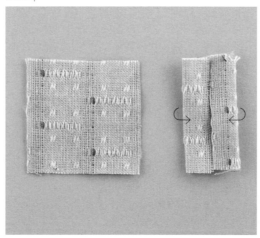
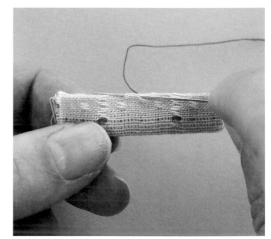

下止側須將剩下的拉鍊沿著內側身摺成直角，再將拉鍊布端以直向藏針縫縫合於布襯上。

裁剪D形環用布。兩側摺向中央線，再自中央線對摺。

相互挑前後側山摺線縫合。製作2片。

12 縫上D形環布

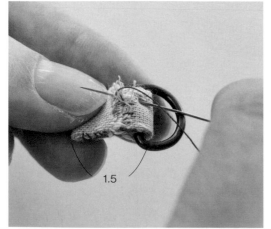
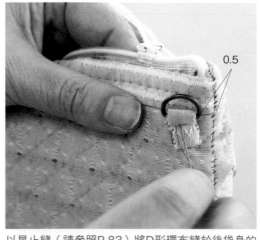

將布穿過D形環繞圈，調整至1.5cm後，以捲針縫縫合兩側身，再以藏針縫縫合布端處。

以星止縫（請參照P.83）將D形環布縫於後袋身的接縫處。避免針腳進入內側，挑至鋪棉處即可。完成後，再以直向藏針縫縫合兩側與下方。

將市售皮革肩背帶的鉤釦鉤至D形環上。拆掉肩背帶即可作為手拿包使用。

拼接教室

攝影／腰塚良彥　島田佳奈（作法步驟）山本正和（作品）

黃金婚戒

構圖酷似「雙婚戒」，六個環狀部分相互重疊的華麗圖案。依喜好改變中心區塊的星形圖案設計也很有趣。以環狀部分交點的3片F布片為重點色，突顯環狀部分配色，彙整完成華麗耀眼的圖案。

指導／中村麻早希

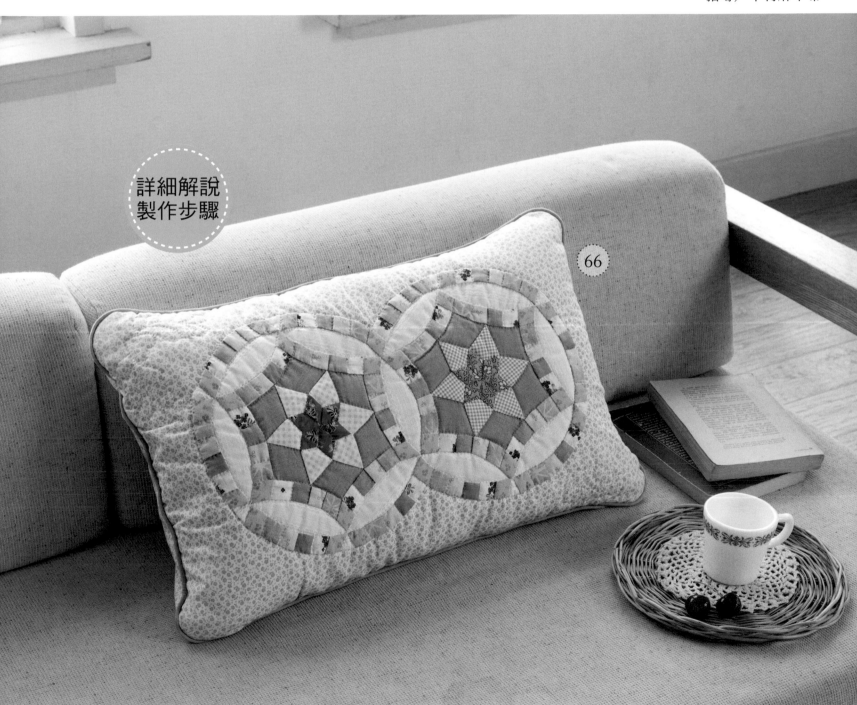

詳細解説
製作步驟

66

可舒適地依偎放鬆的長形抱枕

並排兩片拼接圖案，可確實地支撐身體，充滿安心感的長形抱枕。
鮮綠色布片成為粉嫩色彩婚戒的重點配色，周圍夾縫滾邊繩。

設計・製作／中村麻早希　41×64cm　　作法P.70

以七片圖案拼接構成的
鵝黃色嬰兒拼布被

圖案中心進行貼布縫，完成可愛的主題圖案，
男女寶寶都適用的拼布被。環狀部分不分割，
因此使用布片數較少，拼接作業更輕鬆。具有
不必在意拼縫方向的設計巧思。

設計・製作／中村麻早希　81.5×81.5cm
作法P.111

以同色系黃色布片構成清新亮
眼的配色。環狀部分使用質感
細緻的圖林布

單片貼布縫圖案的抱枕

以素雅的麻質丹格瑞布，將圖案襯托得更繽紛多彩。環狀部分也不分割，以一整片布片完成製作。中心的星形圖案以六角星為基底，自由地組合配置而更富於變化。

設計／中村麻早希　製作／左：中村麻早希　右：青松晴美　45×45㎝

抱枕

●材料（1件的用量）

各式拼接用布片　台布110×50㎝（包含裡布部分）　鋪棉、胚布各50×50㎝　薄接著襯50×10㎝　45×45㎝抱枕心1個

●作法順序

拼接布片，完成圖案（請參照P.68），台布進行貼布縫，完成正面表布→疊合鋪棉與胚布，進行壓線→製作裡布　（請參考P.72）→正面相對疊合表布與裡布，縫合周圍。
※以捲針縫或Z字形車縫處理周圍縫份。
※A至I布片的原寸紙型＆壓線圖案B面⑩

右的中心接縫順序

鑲嵌拼縫

皆由記號縫至記號

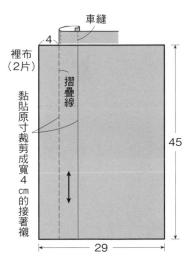

車縫
裡布（2片）
4
摺疊線
黏貼原寸裁剪成寬4㎝的接著襯
45
29

縫製方法

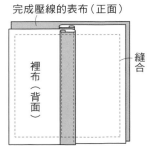

完成壓線的表布（正面）

裡布（背面）
縫合

2片裡布正面相對疊合於表布上，中心相互疊疊後，縫合周圍。

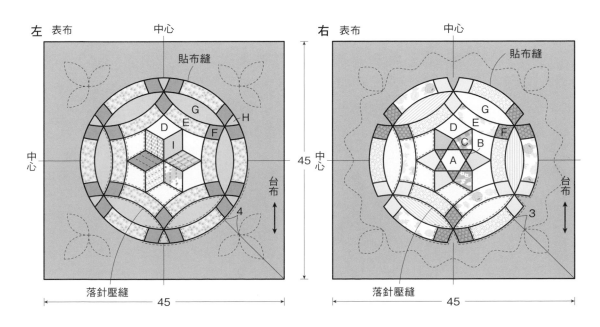

左 表布
中心
貼布縫
G
H
D E F
I
中心
台布
落針壓縫
45
45
4

右 表布
中心
貼布縫
G
D E
F
C B
A
中心
台布
落針壓縫
45
45
3

區塊的縫法

拼接A至C布片，完成中心的區塊後，依序接縫D至F布片拼接完成的內側帶狀區塊、檸檬形G布片、外側的環狀部分。中心區塊的B與C布片進行鑲嵌拼縫。周圍的帶狀與環狀部分，皆由記號縫至記號，將縫份處理得很漂亮。漂亮完成的訣竅是，縫合時避免環狀部分的交點錯開。

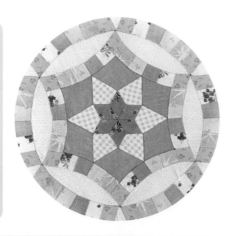

＊縫份倒向

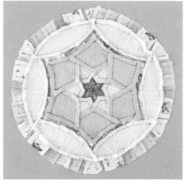

外側的圓。
內側的圓。
交點
中心
③
③
③
③

依喜好決定環狀部分的寬度
③將內側的圓分成六等分。

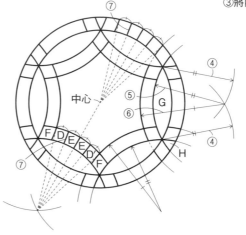

⑦
④
④
中心
⑤
G
⑥
F D E E D F
H
⑦

中心的分割方法

C
B
A

1 準備6片A布片。布片背面疊合紙型，以2B鉛筆等作記號，預留縫份0.7cm，進行裁布。

2 正面相對疊合2片布片，對齊記號，以珠針固定兩端。由記號開始，進行一針回針縫後，進行平針縫，縫至記號後，再進行一針回針縫。

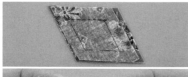

3 縫份整齊修剪成0.6cm左右，沿著縫合針目摺疊後，以手指捏住，倒向其中一側。

4 第3片也以相同作法進行拼接，完成2個相同形狀的小區塊。決定方向後，將縫份倒向同一個方向。圖中區塊的縫份倒向朝著逆時針方向。

5 正面相對疊合小區塊，分別對齊兩端與中心的記號後，以珠針固定。固定時，避開中心的縫份。

6 由記號開始接縫，中心接縫處進行一針回針縫（上）。縫針由角上記號處穿入後，由下一片布片的角上穿出（下）。

7 如同步驟6作法，縫針由角上穿入後，由相鄰布片的角上穿出，再進行平針縫。縫至記號為止。

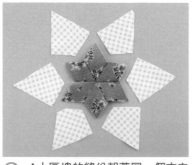

8 A小區塊的縫份朝著同一個方向倒成風車狀。6個凹入部位分別進行鑲嵌拼縫，接縫B布片，縫份倒向A側。

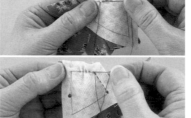

9 正面相對疊合2片後，以珠針先固定其中一邊。由記號開始接縫，角上進行一針回針縫。暫休針後，再以珠針固定下一邊，再縫至記號為止。

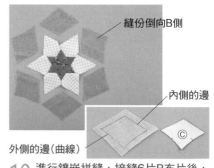

縫份倒向B側

內側的邊

外側的邊（曲線）

C

10 進行鑲嵌拼縫，接縫6片B布片後，進行鑲嵌拼縫，接縫6片C布片。C布片作對齊環狀布片曲線邊的合印記號。

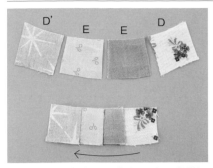

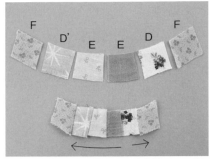

11 製作環狀部分的帶狀區塊。準備短帶D、D'布片各1片，E布片2片。將D布片的紙型翻向背面，在D'布片作記號。由記號縫至記號，縫份倒向箭頭指示方向，完成3個短帶區塊。

＊重點

環狀布片方向容易混淆，因此紙型請事先作記號。圖中在凸側作點狀記號。布片縫份也作點狀記號。

12 如同製作短帶，分別準備D、D'布片各1片，E布片2片，再加上F布片2片，將F布片接縫於兩端。由記號縫至記號，縫份倒向箭頭指示方向，完成3個長帶區塊。

13 中心區塊的周圍依序接縫帶狀區塊，先接縫短帶區塊。

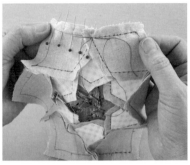

14 正面相對疊合短帶與中心的區塊，對齊記號，以珠針固定兩端、中心、合印記號、兩者間。固定時，避開中心接縫處的縫份。

15 由記號開始接縫，進行一針回針縫，接縫處進行回針縫。

16 進行回針縫後，縫針由角上記號穿入，由相鄰布片C的角上穿出（上）。再次進行接縫，縫至記號為止（下），縫份倒向帶狀區塊側。

17 接縫3個短帶區塊後，拼接長帶區塊。以珠針固定接縫處相互重疊部分時，避開縫份，如同步驟16作法，由記號縫至記號。

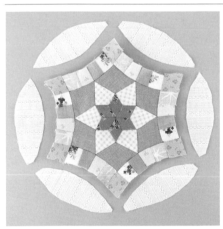

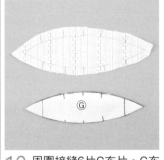

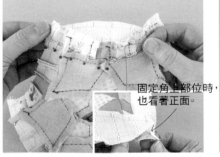

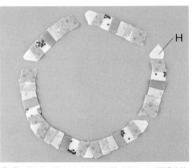

18 周圍接縫6片G布片。G布片作對齊環狀布片的合印記號。

19 正面相對疊合區塊與G布片，以珠針固定兩端、合印記號、兩者間，由記號縫至記號為止，縫份倒向區塊側。

20 製作最外側的環狀部分。再製作6個步驟12的長帶區塊，其中一側接縫布片H。由記號縫至記號，縫份倒向F布片側。將此帶狀區塊接縫成圈。

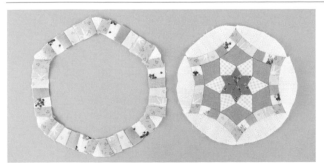

漂亮接縫環狀部分的交點

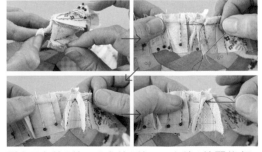

21 完成圓形區塊與外側的環狀區塊。接縫這兩個區塊即完成圖案。進行確認，避免接縫處錯開。

22 圓形區塊周圍正面相對疊合環狀區塊，對齊記號，以珠針固定接縫處與兩者間後，進行拼縫。固定接縫處重疊部分時，依右圖示避開縫份後，進行拼縫。

避免F布片3片、G布片2片、H布片1片聚集部分錯開，避開縫份，一邊看著布片，也看正面，一邊以珠針固定（左上）。如同步驟6、7作法，在接縫處進行回針縫，避開縫份，依序完成拼接。

P.65 抱枕

●材料

各式拼接用布片　C用布55×15cm　G用布55×20cm　台布110×90cm（包含裡布部分）　鋪棉、胚布各75×50cm　薄接著襯45×10cm　滾邊繩用寬3cm斜布條、直徑0.3cm線繩各210cm　43×63cm抱枕心1個

※A至H布片的原寸紙型＆壓線圖案A面⑨。

車縫

裡布（2片）

黏貼原寸裁剪成寬4.5cm的接著襯

摺疊線

4.5

41

44.5

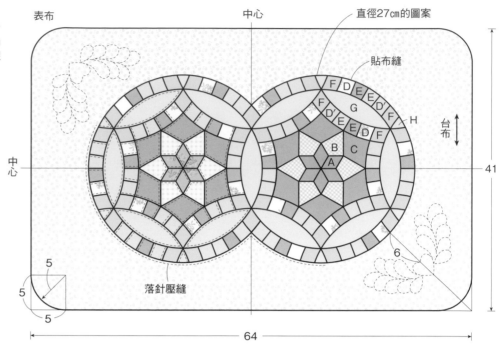

表布

中心

直徑27cm的圖案

貼布縫

F D E E D
F D' G D' F H 台布
D' E E D F
B C
A

中心

中心

41

5
5
5

落針壓縫

6

64

---

1 | 接縫2片圖案。

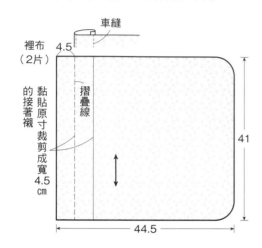

接縫2片圖案時，先完成看起來少拼接一部分布片的區塊，再如右圖示，正面相對疊合2片圖案，鑲嵌凹凸部分般，進行鑲嵌拼縫。分別對齊每一邊，以珠針固定後，由記號開始，縫至角上的記號，進行一針回針縫，再接著拼縫下一邊（請參照P.68步驟9）。縫份倒向右側區塊。

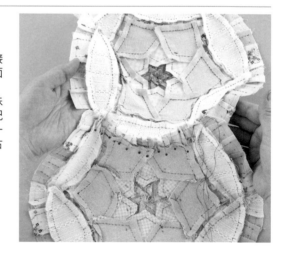

---

2 | 台布進行貼布縫，縫上圖案。

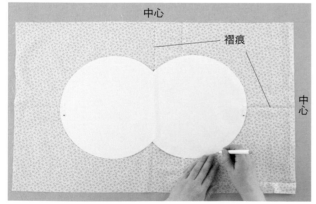

中心

褶痕

中心

台布預留縫份後，作記號標示貼布縫位置。縱向與橫向對摺台布，中心形成褶痕後，疊合紙型，對齊中心，以手藝用筆作記號。

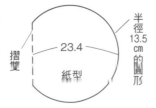

摺雙

23.4

半徑13.5cm的圓形

紙型

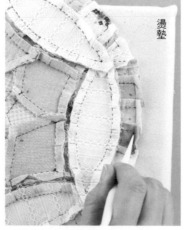

燙墊

朝著內側摺疊圖案周圍的縫份。由背面側，以骨筆刮布片上記號處，形成清晰摺痕。

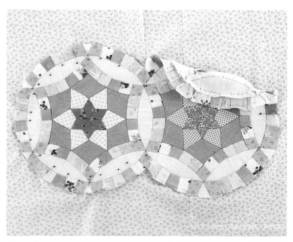

將圖案疊在台布上的貼布縫位置，摺入縫份後，以珠針固定。

3 | 剪掉台布。

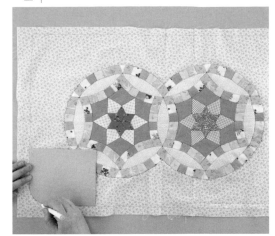

4 | 描畫周圍的完成線。

進行立針藏針縫。縫針由褶山穿出後，挑縫正上方的台布，完成的貼布縫圖案會更加漂亮。凹角部位挑縫頂點。

預留縫份約1㎝，剪掉貼布縫圖案下方的台布。此作法可避免貼布縫部分太厚，更容易進行壓線。

完成表布，進行整燙後，沿著周圍描畫完成線。擺好定規尺，在表布上畫線，四個角上的曲線部位，先製作紙型，再描畫完成線。

5 | 描畫羽毛的壓縫線。

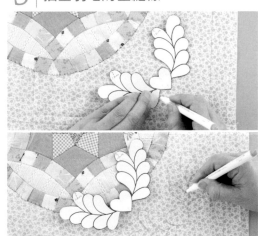

6 | 進行疏縫。

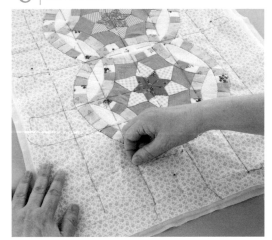

7 | 以整齊漂亮針目進行壓線。

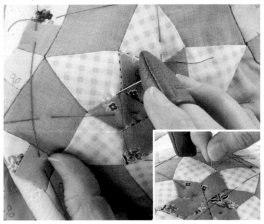

左上與右下分別疊合羽毛的紙型，以手藝用筆沿著周圍描畫線條。描畫羽毛內側線條時，一邊看著紙型，一邊手繪線條。

依序疊合胚布、鋪棉、表布後，挑縫3層，進行疏縫。先由中心縫成十字形，再由內側朝著外側縫成方格狀。完成線內側也進行疏縫。

沿著布片邊緣，在圖案上進行落針壓縫。慣用手中指套上頂針器，一邊推壓縫針，一邊分別挑縫2、3針，更容易縫出整齊漂亮的針目。較厚部分如右下圖示，縫針垂直穿入，一針一針地上下穿縫。

8 | 製作滾邊繩。

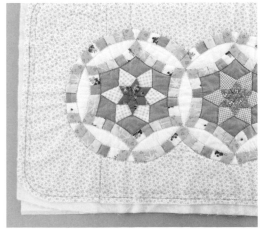

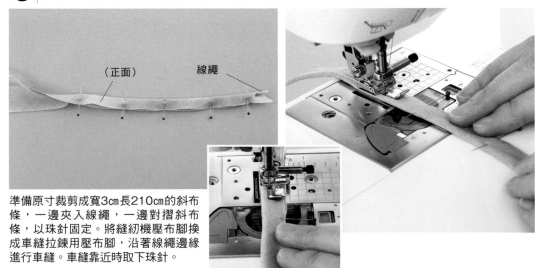

完成壓線後，拆掉疏縫線。保留周圍的疏縫線，避免3層結構顯得太蓬鬆。

準備原寸裁剪成寬3㎝長210㎝的斜布條，一邊夾入線繩，一邊對摺斜布條，以珠針固定。將縫紉機壓布腳換成車縫拉鍊用壓布腳，沿著線繩邊緣進行車縫。車縫靠近時取下珠針。

9 | 沿著周圍車縫滾邊繩。

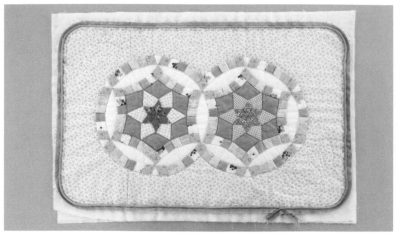

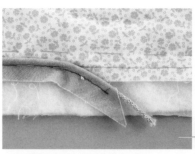

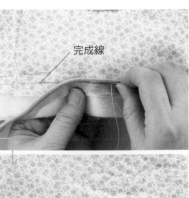

完成線

將滾邊繩車縫針目對齊完成線，以疏縫線進行粗針縫。縫合固定起點往外錯開，終點重疊後也往外錯開位置。

沿著周圍的完成線，車縫固定滾邊繩。

10 | 製作裡布。

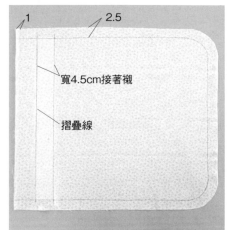

1　　2.5

寬4.5cm接著襯

摺疊線

車縫

裡布不安裝拉鍊的作法。依圖示加上縫份後進行裁布※。放入抱枕心的開口處黏貼接著襯，朝著背面反摺後，車縫針目。製作2片。
※表布進行壓線後，測量尺寸，調整大小。

11 | 疊合表布與裡布後進行縫合。

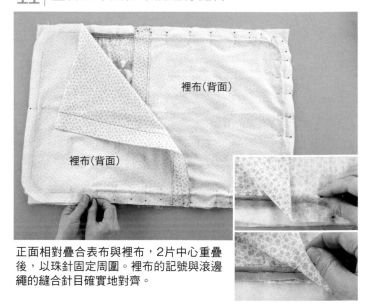

裡布（背面）

裡布（背面）

正面相對疊合表布與裡布，2片中心重疊後，以珠針固定周圍。裡布的記號與滾邊繩的縫合針目確實地對齊。

12 | 處理縫份。

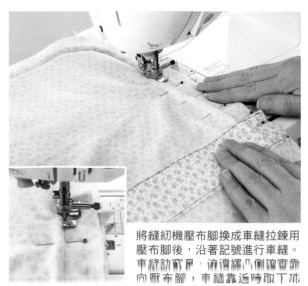

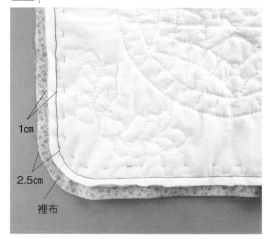

1cm

2.5cm

裡布

將縫紉機壓布腳換成車縫拉鍊用壓布腳後，沿著記號進行車縫。車縫訣竅是，滑過裡布側確實壓向壓布腳，車縫靠近時取下珠針。

表布縫份整齊修剪成1cm左右，以裡布縫份包覆後，以周圍的藏針縫針目進行縫合。進行曲線部位進行藏針縫時，微微地形成細褶。抽除周圍的疏縫線，完成作品。

拼布小建議

本期登場的老師們，
將為拼布愛好者介紹不可不知的實用製作訣竅，
可應用於各種作品，大大提昇完成度。

車縫出漂亮細褶的方法 （指導／大本京子）

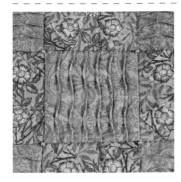

P.20介紹的手提包，即是以車縫細褶（pintuck）的區塊與圖案拼接完成。

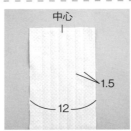

1 進行裁布，原寸裁剪成寬12cm的布片，以圓盤狀點線器滾壓細褶的位置。布片背面隨處作上寬1.5cm的記號，沿著記號，擺好定規尺，以點線器滾壓摺疊處。

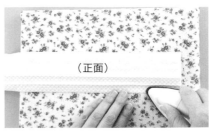

2 由正面壓燙摺疊處以形成褶痕。請小心壓燙，避免破壞相鄰的褶痕。

3 沿著褶山內側0.2cm處車縫針目。落針位置右側0.2cm處黏貼膠帶，沿著膠帶車縫，完成的細褶更加漂亮。

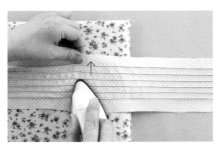

4 由正面進行壓燙，使細褶倒向同一個方向。訣竅是一邊拉撐布片伸展細褶，一邊進行壓燙。

5 背面疊合邊長7cm的正方形紙型，作記號後，預留縫份約1cm，進行修剪。

尼龍布的處理方法 （指導／鴨川美佐子）

尼龍布的摺法

配合布料，將熨斗設定為低溫，覆蓋墊布，尼龍布也可以熨燙。以手指摺疊，或以滾輪骨筆滾壓，不需要熨斗也能夠摺疊尼龍布。

將包包縫成袋狀時，可採用袋縫法。

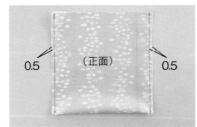

1 縫合尼龍布時，建議採用袋縫法。首先，布片背面相對疊合，由袋底中心摺疊，預留縫份0.5cm，進行車縫，縫合脇邊。

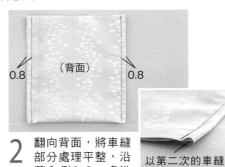

2 翻向背面，將車縫部分處理平整，沿著內側0.8cm處進行縫合。 以第二次的車縫針目，遮住第一次車縫的縫份。

3 翻回正面。車縫兩次即可縫得很牢固，不必擔心出現綻邊現象。

超實用的滾邊技巧 （指導／鴨川美佐子）

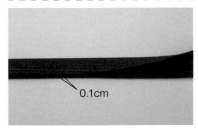

1 P.39介紹的環保袋袋蓋製作時採用，非常實用的滾邊技巧。以滾邊器完成滾邊帶，錯開0.1cm後對摺，進行壓燙。

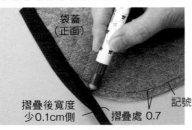

2 袋蓋縫份塗抹暫時固定用膠。翻開步驟1摺疊壓燙的褶山部位，沿著完成線的記號，疊合滾邊帶，黏貼摺疊後寬度少0.1cm側。

3 翻開滾邊帶，沿著摺疊處進行車縫。不以珠針固定，車縫時更輕鬆。

4 朝著背面側反摺滾邊帶，包覆縫份後，進行藏針縫。反摺側寬度多0.1cm，足夠包覆邊端，隱藏車縫針目，完成漂亮作品。

布口罩
實作技巧

拋棄式口罩也很實用，但擅長布作的拼布人，
強力推薦自己動手製作。布口罩可清洗，隨時
都很乾淨，而且能夠重複使用，非常環保。
製作布口罩的素材除了雙層紗布之外，表布部
分還可善加利用拼布的零碼布，使用手帕也
OK。除了褶式與立體布口罩製作，本單元中也
會介紹作法很簡單的口罩收納包。

褶式布口罩

拉開褶子就能夠完全覆蓋住下巴至鼻子周邊部位。配戴花色甜美可愛
的布作口罩，心情也會更加美麗。
9×14.5cm

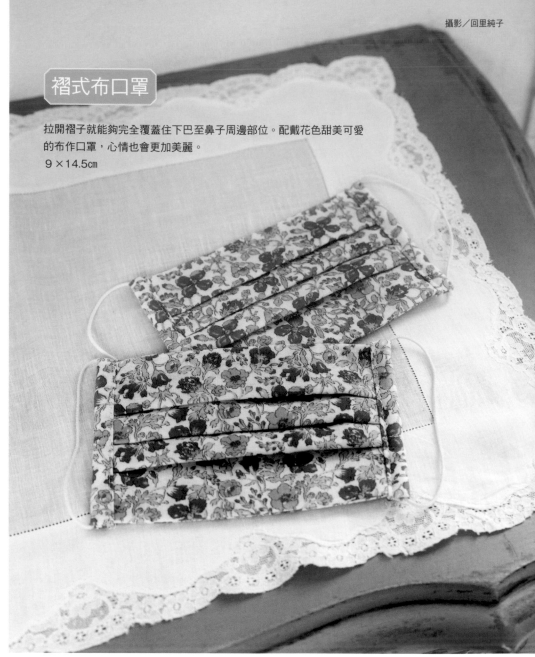

褶式布口罩

●材料
表布（雙層紗布）25×25cm　裡布（雙層紗布）
20×25cm　口罩用鬆緊帶50cm
●作法重點（與立體布口罩相同）
※雙層紗布或手帕，經過洗滌就會縮水，裁布前
　請先經過水洗。
※口罩用鬆緊帶長度為大致基準，請配合臉部
　大小或喜愛的配戴舒適感進行調整。

1. 製作本體。

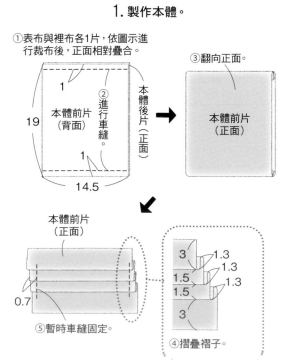

①表布與裡布各1片，依圖示進
　行裁布後，正面相對疊合。

③翻向正面。

本體前片（背面）
本體後片（正面）
②進行車縫。
1
19
14.5
1

本體前片（正面）

本體前片（正面）
0.7
⑤暫時車縫固定。

3
1.3
1.3
1.5
1.3
1.5
3
④摺疊褶子。

2. 車縫包邊布。

① 以表布進行裁布，原寸裁剪2片4cm×
　11cm的包邊布後，縱向摺成四褶。

包邊布（背面）
褶子方向
本體前片（正面）
包邊布（背面）
1　1
1　1

②沿著褶痕進行車縫。

③將本體翻向背面。

⑤沿著褶痕摺疊包邊布。
褶子方向
④摺疊上、下端。
1
本體後片（正面）

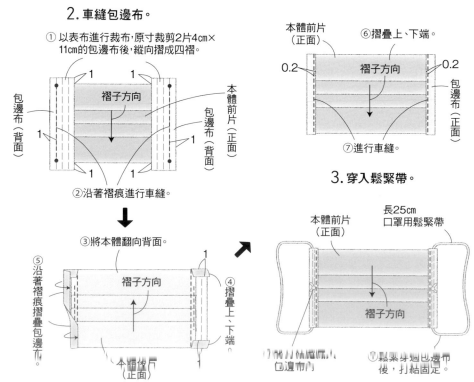

本體前片（正面）
⑥摺疊上、下端。
0.2
褶子方向
0.2
包邊布（正面）
⑦進行車縫。

3. 穿入鬆緊帶。

本體前片（正面）
長25cm
口罩用鬆緊帶
褶子方向

⑥將口罩用鬆緊帶穿入包邊布。

⑦鬆緊帶穿過包邊布後，打結固定。

立體布口罩

●材料
表布、裡布各30×20cm（L&M）　25×20cm（S）
口罩用鬆緊帶50cm
原寸紙型A面㉑

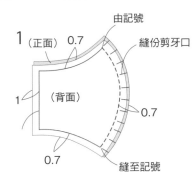

1 （正面）　0.7
由記號
縫份剪牙口
（背面）
1
0.7
0.7
縫至記號

預留縫份，裁剪2片對稱形表布後，正面相對疊合，車縫一個曲線邊，由記號縫至記號，裡布也以相同作法完成縫製。

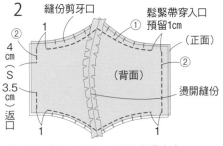

2
縫份剪牙口
鬆緊帶穿入口預留1cm
①
4cm（S）3.5cm（S）返口
②
（正面）
（背面）
②
燙開縫份

（背面）

將步驟1翻向正面後，正面相對疊合表布與裡布，預留鬆緊帶穿入口與返口，依①②順序進行縫合。

翻至正面前，先朝著內側摺疊縫份。

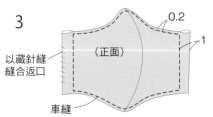

3
0.2
1
（正面）
以藏針縫縫合返口
車縫

由返口翻至正面，車縫針目一整圈，最後穿入長25cm鬆緊帶。

立體布口罩

完全貼合臉部，容易呼吸的口罩。疊合2片對稱形喇叭狀布片，縫合一個曲線邊，接縫處位於口罩中心的布口罩。製作S、M、L三種尺寸，L尺寸的表布與裡布皆使用雙層紗布，M尺寸以棉質印花布為表布，S尺寸表布為手帕，裡布皆使用雙層紗布。
S約11×16cm　M約11.5×18cm　L約13×20cm

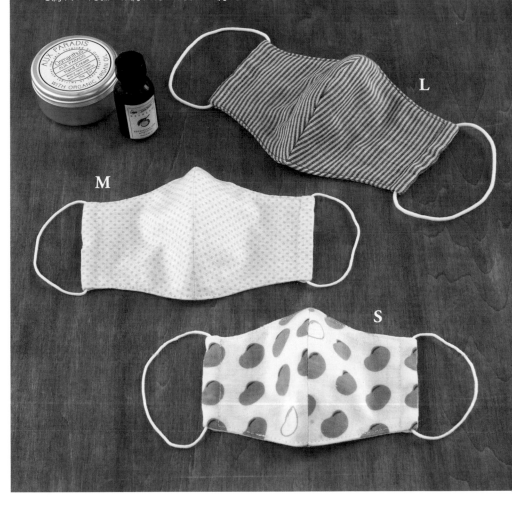

L

M

S

組裝外口袋的口罩收納包

69

除了擺放介紹過的手作口罩外，連設有鼻樑壓條的市售口罩都放得下的尺寸大小。以縫紉機進行快速壓縫，完成袋蓋部分後，以Z字形車縫完成壓線。
11.5×22.5cm　作法：P.92

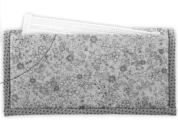

內側口袋可擺放備用口罩。

外側口袋可擺放用餐等場合取下的口罩。

夏日漾紅帆布包

★原寸紙型B面

可正反面使用的時尚帆布包。
簡約的袋型設計，搭配多功能口袋，
是上街購物的最佳小幫手。

攝影場地協助／隆德布能布玩台北迪化店
作品設計、製作、示範教學、作法文字提供／蘇怡綾店長
採訪執行・企畫編輯／黃璟安
作法攝影／數位美學　賴光煜

師資介紹

Introduction

蘇怡綾 老師

現任：
布能布玩台北迪化店店長

另一款花色設計，甜美又大方。

   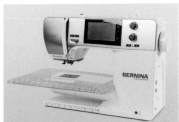

材料
- ●38cm隆德手把一付
- ●15cm拉鍊1條
- ●18cm拉鍊2條
- ●表布2尺（川島帆布2500系列）
- ●裡布1尺（川島帆布2500系列）
- ●配色布1尺（Tilda）
- ●布襯1尺
- ●撞釘一組

★裁布尺寸請依紙型標示另加縫份。

使用工具
- ●Fujix帆布線
- ●Mettler車線
- ●可樂牌強力夾
- ●可樂牌水溶性膠帶

示範機型
BERNINA480

HOW TO MAKE

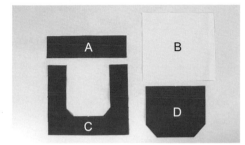 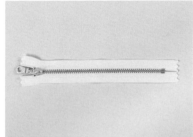  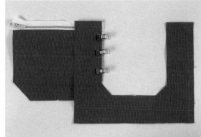

01 裁剪表布A：6.5cm×24cm1片、拉鍊內袋B：18cm×16cm1片。依紙型畫表布前片口袋C、D。

02 在15cm拉鍊正面黏上水溶性膠帶。

03 將口袋布D與拉鍊正面相對黏貼固定後，車縫並壓線。

04 將步驟3與口袋布C正面相對以強力夾固定後車縫。

 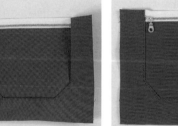 

05 轉角處剪牙口。

06 將口袋布B放置於步驟5背面，再從正面壓線固定。

07 步驟6與口袋布A車縫後壓線。

  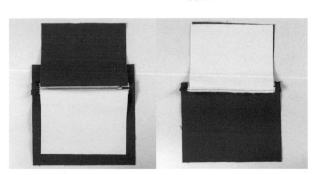

08 裁後片E：7.5cm×24cm1片，後片F：20cm×24cm1片。

09 將E與F相接，縫份1.5cm，前後車縫3cm，中間不車縫，並將縫份燙開。

10 裁拉鍊裡布20cm×17cm2片。分別黏貼在拉鍊背面兩側後再車縫。

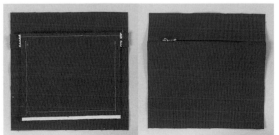  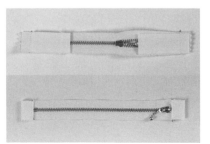

11 將兩片拉鍊裡布車縫凵型固定，後片完成。

12 裁剪24cm×19.5cm4片（表布2片、裡布2片）、拉鍊頭尾布：2.5cm×6cm2片。

13 將拉鍊頭尾布黏貼於拉鍊背面車縫，摺兩褶翻至正面車縫固定。

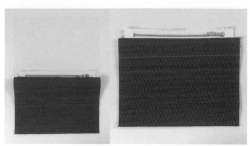
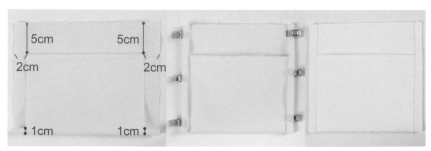

14 表裡夾車拉鍊並壓線，另一側作法相同。

15 裁剪口袋布20cm ×34cm1片。短 邊處摺兩褶並車 縫固定。

16 如圖對摺，前片上方空5cm，下方留1cm。兩側2cm，前片兩側2cm處剪 掉，再將後片對摺再對摺後車縫固定。

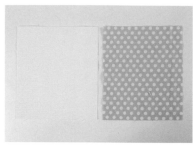

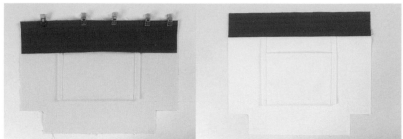

17 依個人需求裁切口袋布製作裡 口袋。

18 依紙型裁切裡布、裡貼邊： 7cm×34cm2片。

19 將裡布、裡口袋、裡貼邊車縫固定並壓線。另一側作法相同。

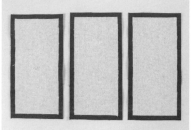

20 裁剪側身布：12cm×24.5cm2 片、底：12cm×24cm1片、 布襯：10cm×22.5cm2片， 10cm×22cm1片。將布襯燙在 側身布及底布背面。

21 將表布前片＋底布＋表布後片 車縫固定，並於接合處壓線。

22 將側身車縫 固定，轉角 處需剪牙 口，完成後 翻至正面。

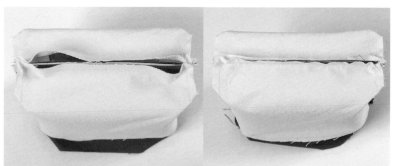

23 將步驟14與 兩片裡布一 側先車縫固 定。另一側 作法相同。

24 車縫兩側截 角處，再車 縫中間直線 處，即完成 裡袋。

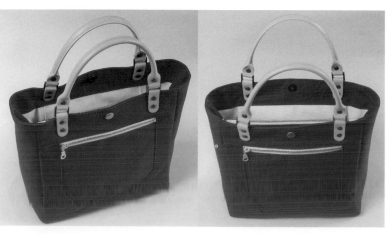

25 將裡袋套入表袋，袋口處向下摺1cm，以強力夾固 定，車縫一圈。

26 釘上手把及 撞釘，即完 成作品。

Tilda Maple Farm 系列上市

美麗 樸實的秋天粉彩色 調和成各種圖案
用途廣泛 特別是運用在柔軟的秋季拼被上
莓果和樹葉與經典復古的花卉
以琥珀色 藍灰色 芥末色 藕荷色 玫瑰果色等淡淡的色調
為這個秋天增添浪漫氣息

OEKO-TEX®
CONFIDENCE IN TEXTILES
STANDARD 100
*通過紡織品無毒保證 一級認證
適用於孩童衣物等

一定要學會の 拼布基本功

基本工具

針
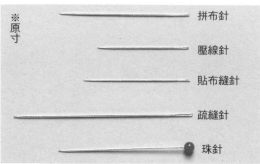
※原寸
- 拼布針
- 壓線針
- 貼布縫針
- 疏縫針
- 珠針

配合用途有各式各樣的針。拼布針為8至9號洋針，壓線針細且短，貼布縫針像絹針一樣細又長，疏縫針則比較粗且長。

線
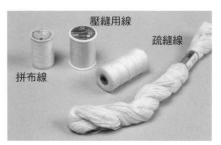
壓縫用線
疏縫線
拼布線

拼布適用60號的縫線，壓線建議使用上過蠟、有彈性的線。但若想保有柔軟度，也可使用與拼布一樣的線。疏縫線如圖示，分成整捲或整捆兩種包裝。

記號筆

一般是使用2B鉛筆。深色布以亮色系的工藝用鉛筆或色鉛筆作記號，會比較容易看見。氣消筆或水消筆在描畫壓線線條時很好用。

頂針器
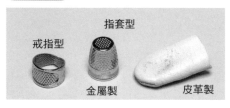
戒指型
指套型
金屬製
皮革製

平針縫與壓線時的必備工具。一旦熟練使用，縫出的針趾就會漂亮工整。戒指型主要用於平針縫，金屬或皮革製的指套則用於壓線。

壓線框

繡框的放大版。壓線時將布框入撐開。直徑30至40cm是好用的尺寸。

拼布用語

◆圖案（Pattern）◆
拼縫三角形或四角形的布片，展現幾何學圖形設計。依圖形而有不同名稱。

◆布片（Piece）◆
組合圖案用的三角形或四角形等的布片。以平針縫縫合布片稱為「拼縫」（Piecing）。

◆區塊（Block）◆
由數片布片縫合而成。有時也指完成的圖案。

◆表布（Top）◆
尚未壓線的表層布。

◆鋪棉◆
夾在表布與底布之間的平面棉襯。適用密度緊實的薄鋪棉。

◆底布◆
鋪棉的底布。夾在表布與底布之間。適用織目疏鬆、針容易穿過的材質。薄布會讓壓線的陰影無法漂亮呈現效果，並不適用。

◆貼布縫◆
另外縫合上其他的布。主要是使用立針縫（參照P.83）。

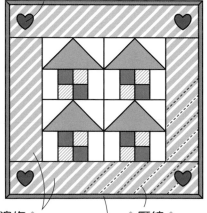

◆大邊條◆
接縫在由數個圖案縫合的表布邊緣的布。

◆包邊◆
以斜紋布條包覆完成壓線的拼布周圍或包包的袋口縫份。

◆壓線線條◆
在壓線位置所作的記號。

◆壓線◆
重疊表布、鋪棉與底布，壓縫3層。

主要步驟

製作布片的紙型。

使用紙型在布上作記號後裁布，準備布片。

拼縫布片，製作表布。

在表布描畫壓線線條。

重疊表布、鋪棉、底布進行疏縫。

進行壓線。

包覆四周縫份，進行包邊。

拼縫前準備工作

下水

新買的布在縫製前要水洗。即使是統一使用相同材質的布拼縫，由於縮水狀況不一，有時作品完成下水仍舊出現皺縮問題。此外，以水洗掉新布的漿，會更好穿縫，且能預防褪色。大片布就用洗衣機代勞，洗後在未完全乾燥時，一邊整理布紋，一邊以熨斗整燙。

關於布紋

原寸紙型上的箭頭所指方向代表布紋。布紋是指直橫交織而成的紋路。直橫正確交織，布就不會歪斜。而拼布不同於一般裁縫，布紋要對齊直布紋或橫布紋任一方都OK。斜紋是指斜向的布紋。與直布紋或橫布紋呈45度的稱為正斜向。

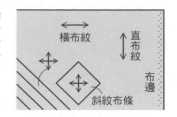

製作紙型

將製好圖的紙，或是自書本複印下來的圖案，以膠水黏貼在厚紙板上。膠水最好挑選不會讓紙起皺的紙用膠水。接著以剪刀沿著線條剪開，註明所需數量、布紋，並視需要加上合印記號。

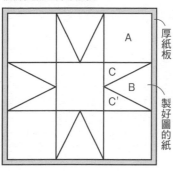

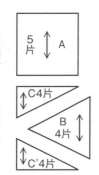

在彎曲的布片加上合印記號

作上記號後裁剪布片

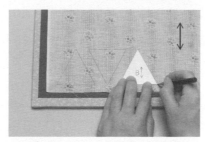

紙型置於布的背面，以鉛筆作上記號。在貼上砂紙的裁布墊上作記號，布比較不會滑動。縫份約為0.7cm，不必作記號，目測即可。

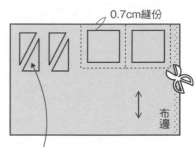

0.7cm縫份

形狀不對稱的布片，在紙型背後作上記號。

拼縫布片

◆始縫結◆

縫前打的結。手握針，縫線繞針2、3圈，拇指按住線，將針向上拉出。

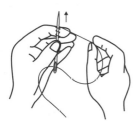

1 2片布正面相對，以珠針固定，自珠針前0.5cm處起針。

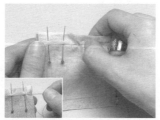

2 進行回針縫，手指確實壓好布片避免歪斜。

3 以手指稍微整理縫線，避免布片縮得太緊。

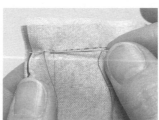

4 在止縫處回針，並打結。留下約0.6cm縫份後，裁剪多餘布片。

◆止縫結◆

縫畢，將針放在線最後穿出的位置，繞針2、3圈，拇指按住線，將針向上拉出。

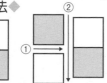

◆分割縫法◆

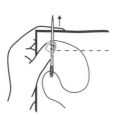

直線方向由布端縫到布端時，分割成帶狀拼縫。

◆鑲嵌縫法◆

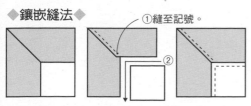

無法使用直線的分割縫法時，在記號處止縫，再嵌入布片縫合。

各式平針縫

由布端到布端
兩端都是分割縫法時。

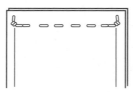

由記號縫至記號
兩端都是鑲嵌縫法時。

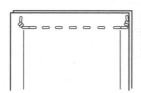

由布端縫至記號
縫至記號側變成鑲嵌縫法時。

縫份倒向

縫份不熨開而倒向單側。朝著要倒下的那一側，在針趾向內1針的位置摺疊縫份，以指尖往下按壓。

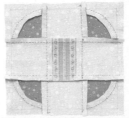

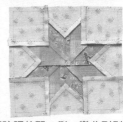

基本上，縫份是倒向想要強調的那一側，彎曲形則順其自然的倒下。其他還有全部朝同一方向倒下，或是倒向外側等，各式各樣的倒向方法。碰到像檸檬星（右）這種布片聚集在中心的狀況，就將菱形布片兩兩縫合成縫份倒向同一個方向的區塊，整合成上下的帶狀布後，再彼此縫合。

描畫壓線線條，進行疏縫

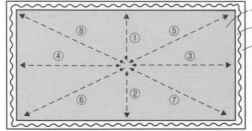

表布（正面）
鋪棉
底布（背面）

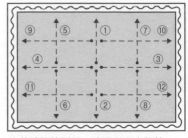

以熨斗整邊表布，使縫份固定。接著在表面描畫壓線記號。若是以鉛筆作記號，記得不要畫太黑。在畫格子或條紋線時，使用上面有平行線及方眼格線的尺會很方便。

準備稍大於表布的底布與鋪棉，依底布、鋪棉、表布的順序重疊，以手撫平，再以珠針重點固定。由中心向外側進行疏縫。上圖是放射狀疏縫的例子。

格狀疏縫的例子。適用拼布小物等。

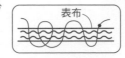

表布

止縫作一針回針縫，不打止縫結，直接剪掉線。

壓線

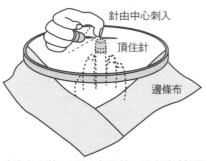

針由中心刺入
頂住針
邊條布

由中心向外，3層一起壓線。以右手（慣用手）的頂針指套壓住針頭，一邊推針一邊穿縫。左手（承接手）的頂針指套由下方頂住針。使用拼布框作業時，當周圍接縫邊條布，就要刺到布端。

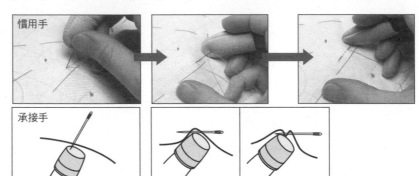

慣用手

承接手

針由上刺入，以指套頂住。→以指套將布往往上提，在指套邊作出一個山形，再以慣用手的指套推針，貫穿山腰。→以指套往左錯開，製造下個山形，再依同樣方式穿縫。

每穿縫2、3針，就以指套壓住針後穿出。

止縫結　鋪棉　表布
底布　止縫結

從稍偏離起針的位置入針，將始縫結拉至鋪棉內，縫一針回針縫，止縫也要縫一針回針縫，將止縫結拉至鋪棉內藏起來。

包邊

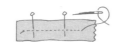

畫框式滾邊

所謂畫框式滾邊，就是以斜紋布條包覆拼布四周時，將邊角處理成及畫框邊角一樣的形狀。

斜紋布條作法

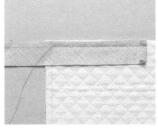

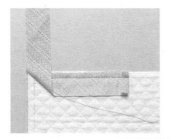

1 在正面描畫四周的完成線。斜紋布條正面相對疊放在拼布上，對齊斜紋布條的縫線記號與完成線，以珠針固定，縫到邊角的記號，在記號縫一針回針縫。

2 針線暫放一旁，斜紋布條摺成45度（當拼布的角是直角時）。重要的是，確實沿記號邊摺疊成與下一邊平行。

3 斜紋布條沿著下一邊摺疊，以珠針固定記號。邊角如圖示形成一個褶子。在記號上出針，再次從邊角的記號開始縫。

◆量少時◆

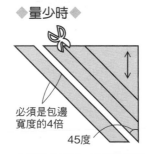

45度

必須是包邊寬度的4倍

布摺疊成45度，畫出所需寬度。1cm寬的包邊需要4cm、0.8cm寬要3.5cm、0.7cm寬要3cm。包邊寬度愈細，加上布的厚度要預留寬一點。

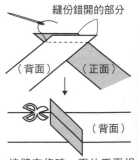

縫份錯開的部分

（背面）

（正面）

（背面）

接縫布條時，兩片正面相對，以細針目的平針縫合。熨開縫份，剪掉露出外側的部分。

4 布條在始縫時先摺入1cm。縫完一圈後，布條與摺疊的部分重疊約1cm後剪斷。

5 縫份修剪成與包邊的寬度，布條反摺，以立針縫縫合於底布。以布條的針趾為準，

6 邊角整理成布條捲入重疊45度。重疊處縫一針回針縫使得更牢固。漂亮的邊角就完成了！

◆量多時◆

縫份錯開的部分

（背面）
（正面）

布裁成正方形，沿對角線前開。

裁開的布正面相對重疊並小車縫縫合。

熨開縫份，沿布端畫上需要的寬度。另一邊的布端與畫線記號錯開一層，正面相對縫合，以剪刀沿著記號剪開的斜紋布。

拼布包縫份處理

A 以底布包覆

側面正面相對縫合，僅一邊的底布留長一點，修齊縫份。接著以預留的底布包覆縫份，以立針縫縫合。

B 進行包邊（外包邊的作法相同）

適合彎弧部分的處理方式。兩片正面相對疊合（外包邊是背面相對），疏縫固定，斜紋布條正面相對，進行平針縫。

修齊縫份，以斜紋布條包覆進行立針縫，即使是較厚的縫份也能整齊收邊。斜紋布條若是與底布同一塊布，就不會太醒目。

C 接合整理

處理後縫份不會出現厚度，可使作品平坦而不會有突起的情形。以脇邊接縫側面時，自脇邊留下2、3cm的壓線，僅表布正面相對縫合，縫份倒向單側。鋪棉接合以粗針目的捲針縫縫合，底布以藏針縫縫合。最後完成壓線。

貼布縫作法

方法A（摺疊縫份以藏針縫縫合）

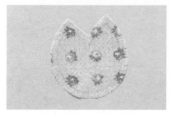 

在布的正面作記號，加上0.3至0.5cm的縫份後裁布。在凹處或彎弧處剪牙口，但不要剪太深以免綻線，大約剪到距記號0.1cm的位置。接著疊放在土台布上，沿著記號以針尖摺疊縫份，以立針縫縫合。

方法B（作好形狀再與土台布縫合）

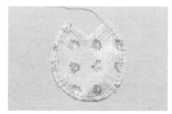 

在布的背面作記號，與A一樣裁布。平針縫彎弧處的縫份。始縫結打大一點以免鬆脫。接著將紙型放在背面，拉緊縫線，以熨斗整燙，也摺好直線部分的縫份。線不動，抽掉紙型，以藏針縫縫合於土台布上。

基本縫法

◆平針縫◆

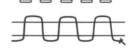

◆回針縫◆

◆立針縫◆

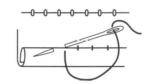

◆星止縫◆

◆捲針縫◆

◆梯形縫◆

兩端的布交替，針趾與布端呈平行的挑縫

安裝拉鍊

從背面安裝

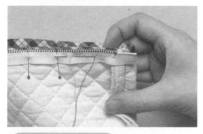

對齊包邊端與拉鍊的鍊齒，以星止縫縫合，以免針趾露出正面。以拉鍊的布帶為基準就能筆直縫合。
※縫合脇邊再裝拉鍊時，將拉鍊下止部分置於脇邊向內1cm，就能順利安裝。

從正面安裝

同上，放上拉鍊，從表側在包邊的邊緣以星止縫縫合。縫線與表布同顏色就不會太醒目。因為穿縫到背面，會更牢固。背面的針趾還可以裡袋遮住。

拉鍊布端可以千鳥縫或立針縫縫合。

包邊繩作法

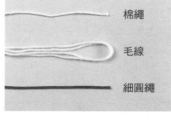

棉繩
毛線
細圓繩

縫合側面或底部時，先暫時固定於單側，再壓緊一邊將另一邊包邊繩縫合固定。始縫與止縫平緩向下重疊。

以斜紋布條將芯包住。若想要鼓鼓的效果就以毛線當芯，或希望結實一點就以棉繩或細圓繩製作。棉繩與細圓繩是用斜紋布條邊夾邊縫合，毛線則是斜紋布條縫合成所需寬度後再穿。

◆棉繩或細圓繩◆

◆毛線◆

＊圖中的單位為cm。
＊圖中的❶❷為紙型號碼。
＊完成作品的尺寸多少會與圖稿的尺寸有所差距。
＊關於縫份，原則上布片為0.7cm、貼布縫為0.3至0.5cm，其餘則預留1cm後進行裁剪。
＊附註為原寸裁剪標示時，不留縫份，直接裁剪。
＊製作時請參考P.80至P.83基礎作法。
＊刺繡方法請參照P.93。

P6 No.5 肩背包

◆材料
主題圖案用布捻線綢 縮緬布7種 圈狀裝飾用布65×65cm A、B布片用藏青色素布110×45cm（包含後片、口袋、裡側貼邊、肩背帶部分）鋪棉、胚布各45×30cm 裡袋用布60×25cm（包含口袋裡布部分）長20cm拉鍊1條 內尺寸1.5cm方形環、日形環各1個 毛線適量

◆作法順序
製作前片與口袋用主題圖案→製作圈狀裝飾→將主題圖案與圈狀裝飾固定於B布片→疊合鋪棉與胚布，由下往上依序疊合A與B布片，進行縫合，完成前片→後片疊合鋪棉與胚布，進行壓線後，組裝口袋→製作裡袋→製作肩背帶→正面相對疊合前片與後片，依圖示完成縫製。

完成尺寸 22×19cm

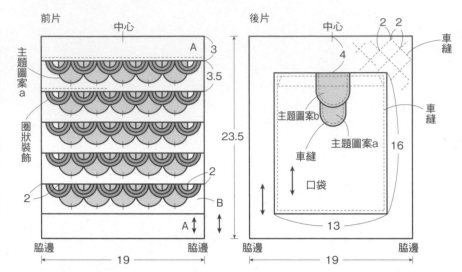

前片 中心 後片 中心

A 3
主題圖案a 3.5
圈狀裝飾
23.5
2
2 B
A
脇邊 脇邊 19

車縫
4
主題圖案b
主題圖案a 16
車縫
口袋
13
脇邊 脇邊 19

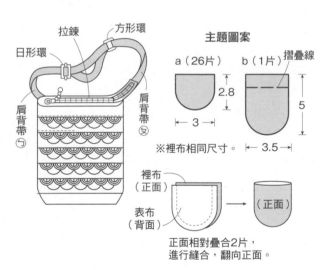

拉鍊 方形環
日形環
肩背帶❽ 肩背帶❼

主題圖案
a（26片） b（1片）摺疊線
2.8
3 3.5
5
※裡布相同尺寸。

裡布（正面）
表布（背面）→（正面）
正面相對疊合2片，進行縫合，翻向正面。

圈狀裝飾
（5片）（原寸裁剪） 2
75
0.5
1
（背面）
毛線
縫成筒狀，翻向正面，穿入毛線。（正面）
※c 5.5cm、d 7cm，各6條，進行裁剪。

疊合鋪棉，進行縫份摺邊壓線
主題圖案與圈狀裝飾的固定方法

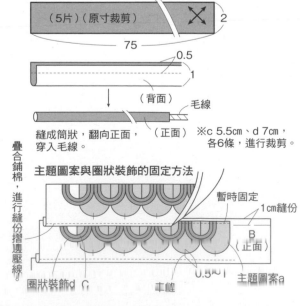

暫時固定
1cm縫份
B（正面）
0.3cm 主題圖案a
圈狀裝飾d 車縫

肩背帶（❼、❽各1片）
（原寸裁剪）4.5
❼110・❽40

① 1.5
車縫 （正面）
② 日形環 方形環
❼ 3.5 0.5 ❽

縫製方法
① （正面）
（背面）
正面相對疊合前片與後片，縫成袋狀。

② 脇邊 （背面）
2.5
縫合側身裡袋也以相同方法進行縫合。

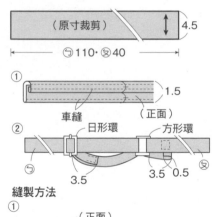

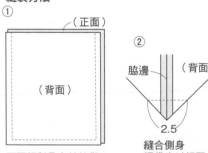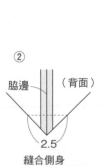

③ 夾入肩背帶
本體（背面）
裡袋（背面）
返口
正面相對疊合本體與裡袋，縫合袋口。

④ 裡側貼邊（正面）
0.7
肩背帶
配合肩背帶寬度，摺入後車縫。
本體（正面）
翻向正面，袋口車縫，摺入周圍，將拉鍊端部縫合固定於肩背帶。

口袋
表布 摺雙 1.2 1cm內縮
正面相對疊合表布與裡布，縫合袋口，翻向正面，袋口車縫。
1
表布17×13
15
表布（正面）
裡布（背面）
縫份進行Z字形車縫

裡袋
裡側貼邊（正面） 拉鍊（背面）
2.5
3 摺疊
21 裡袋（正面）
9cm返口
19
車縫
正面相對疊合裡側貼邊與裡袋布，夾縫拉鍊，翻向正面，車縫。

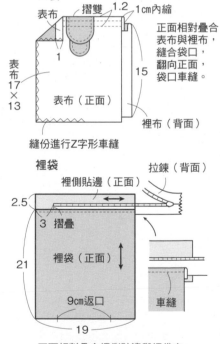

主題圖案b
摺疊線
原寸紙型
主題圖案b

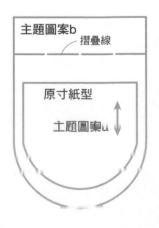

No.1 壁飾 ●紙型B面❾（C、D布片的原寸紙型＆貼布縫、壓線圖案）

◆材料
各式貼布縫用布片 台布50×40cm A、B用布50×20cm C、D用布55×20cm 鋪棉、胚布各60×50cm 25號繡線適量

◆作法順序
台布進行貼布縫→進行刺繡→周圍接縫A與B布片→接縫C與D布片，完成表布→預留返口，接縫由中心分割成2片的胚布→依圖示完成縫製。

完成尺寸 53×43cm

縫製方法

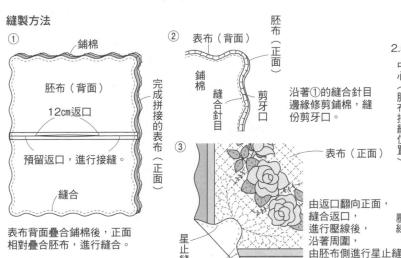

① 鋪棉
胚布（背面）
12cm返口
預留返口，進行接縫。
縫合
表布背面疊合鋪棉後，正面相對疊合胚布，進行縫合。

② 表布（背面）
胚布（正面）
鋪棉
縫合針目
剪牙口
沿著①的縫合針目邊緣修剪鋪棉，縫份剪牙口。

③ 表布（正面）
由返口翻向正面，縫合返口，進行壓線後，沿著周圍，由胚布側進行星止縫。
星止縫
0.5

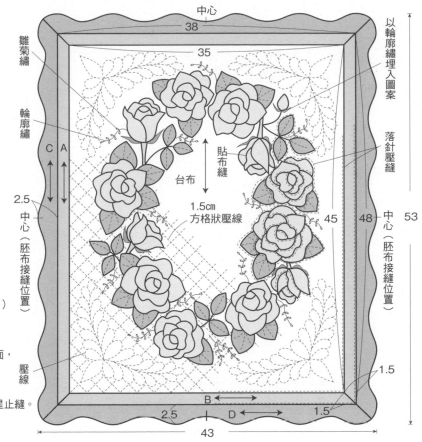

雛菊繡
輪廓繡
以輪廓繡埋入圖案
落針壓縫
C A
貼布縫
台布
中心
38
35
2.5
中心（胚布接縫位置）
1.5cm方格狀壓線
45
48
中心（胚布接縫位置）
53
壓線
1.5
B
2.5 D 1.5
43

No.2 面紙盒套 ●紙型B面❸（A至C、E布片的原寸紙型＆貼布縫圖案）

◆材料
各式貼布縫、拼接用布片 D用布30×20cm E用布30×25cm F用布30×25cm（包含G布片部分） 鋪棉、胚布各40×50cm 寬0.5cm織帶60cm 寬0.5cm蕾絲95cm 直徑1cm按釦2組

◆作法順序
E布片進行貼布縫→拼接A至C布片，完成2個帶狀區塊→接縫區塊與D至G布片，完成表布→依圖示完成縫製。

完成尺寸 13×25.5×5.5cm

縫製方法

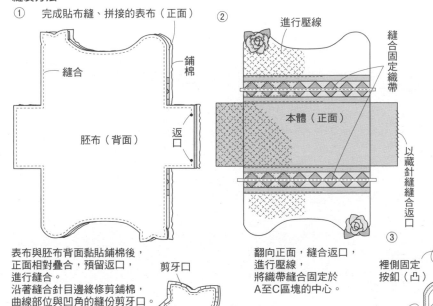

① 完成貼布縫、拼接的表布（正面）
鋪棉
縫合
胚布（背面）
返口
表布與胚布背面黏貼鋪棉後，正面相對疊合，預留返口，進行縫合。
沿著縫合針目邊緣修剪鋪棉，曲線部位與凹角的縫份剪牙口。
剪牙口
修剪鋪棉

② 進行壓線
本體（正面）
縫合固定織帶
以藏針縫縫合返口
翻向正面，縫合返口，進行壓線，將織帶縫合固定於A至C區塊的中心。

③ 裡側固定按釦（凸）
縫合固定蕾絲
表側固定按釦（凹）
（正面）
只挑縫表布，進行捲針縫。
脇邊
按釦（凸）
5.6

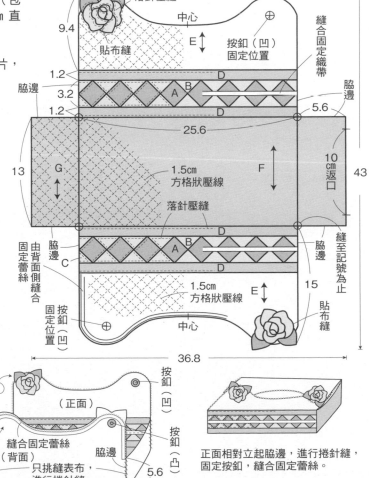

本體
落針壓縫
中心
貼布縫
E
按釦（凹）固定位置
縫合固定織帶
9.4
1.2
3.2
1.2
脇邊
D
A B
D
5.6
脇邊
25.6
13
G
1.5cm方格狀壓線
F
10cm返口
43
落針壓縫
脇邊
C
A B
D
D
縫至記號為止
由背面側縫合固定蕾絲
1.5cm方格狀壓線
E
15
貼布縫
按釦（凹）固定位置
中心
36.8

正面相對立起脇邊，進行捲針縫，固定按釦，縫合固定蕾絲。

◆材料
各式貼布縫用布片　白色素布110×240㎝　鋪棉、胚
布各90×340㎝　滾邊用寬4㎝斜布條660㎝
◆作法順序
拼接A、B布片，完成64片圖案，接縫成8×8列，完成
表布→疊合鋪棉、胚布，進行壓線→進行周圍滾邊。
◆作法重點
○角上進行畫框式滾邊（請參照P.82）。

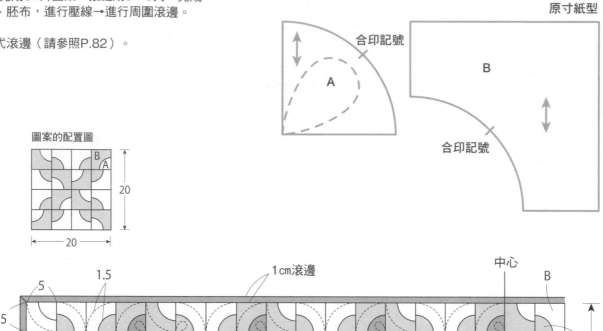

原寸紙型

合印記號

B

A

合印記號

圖案的配置圖

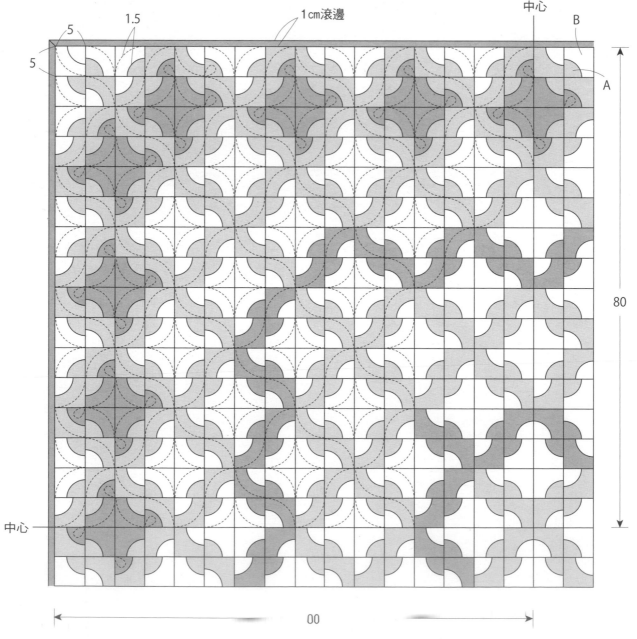

◆材料
拼接用布片適量　淺藍色素布30×150cm　a用
素布20×25cm　b、c用條紋布35×130cm（包
含滾邊部分）鋪棉、胚布各55×140cm

◆作法順序
拼接A至C、D至F、G至H布片，分別完成區塊
→D至F接縫c，G至I接縫b→區塊的四個角上
接縫a後，彙整成表布→疊合鋪棉與胚布，進
行壓線→進行周圍滾邊。

◆作法重點
○A、D、G布片並非正六角形，拼接時需留意
　方向。

完成尺寸　128×49cm

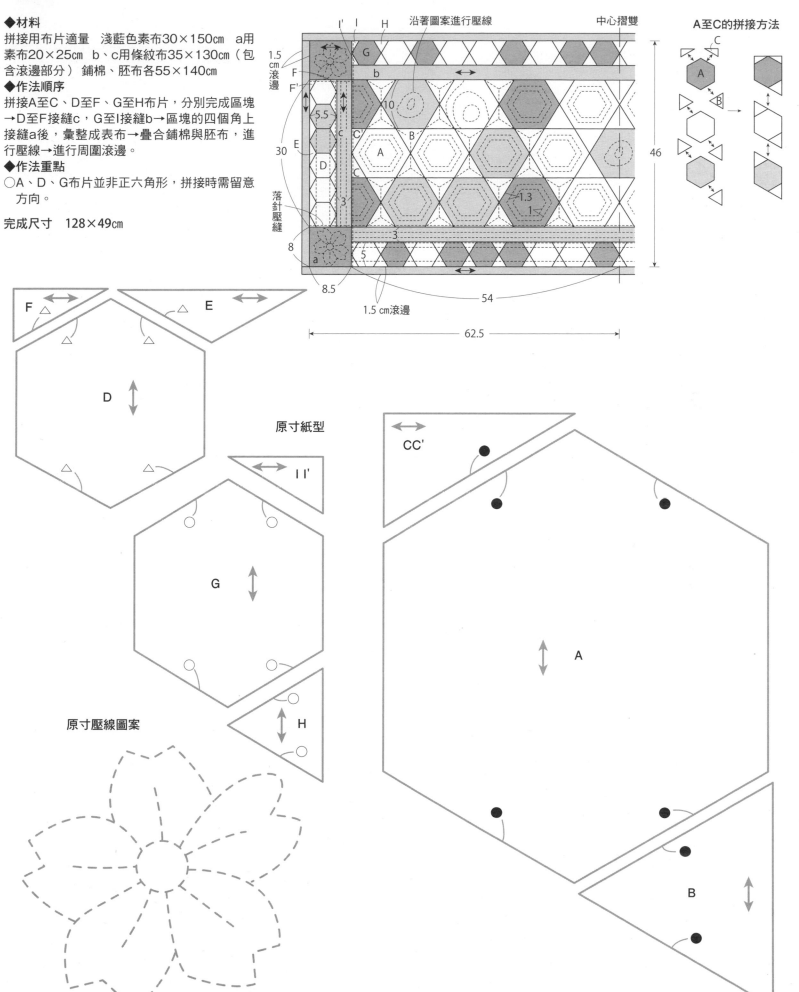

87

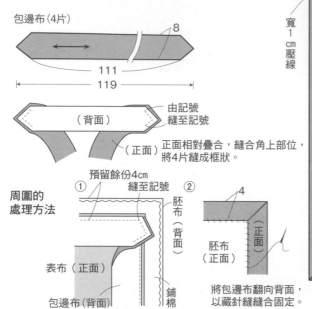
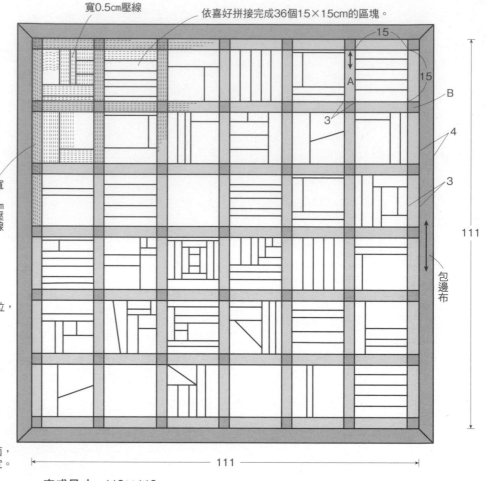
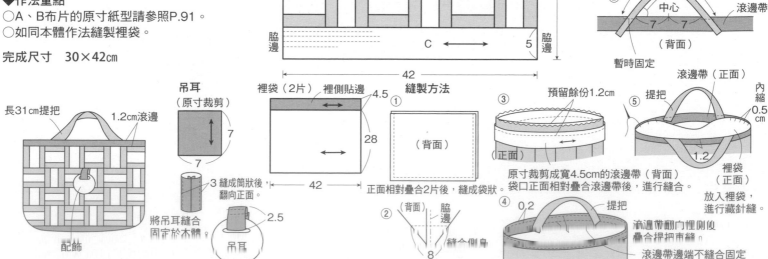

P8 No.10 壁飾

◆材料
各式拼接用藍染布片 A用藍染布35×210㎝ B用藍染布35×35㎝ 包邊布用藍染布20×245㎝ 鋪棉、胚布各100×180㎝

◆作法順序
拼接布片,完成36個區塊→接縫A、B布片,完成表布→疊合鋪棉與胚布,進行壓線→以包邊布處理周圍

◆作法重點
○裁剪鋪棉與胚布,包含包邊布部分。
○B布片的原寸紙型請參照P.91。

包邊布(4片)

8
111
119

由記號縫至記號
(背面)
(正面)正面相對疊合,縫合角上部位,將4片縫成框狀。

周圍的處理方法
①預留餘份4cm
縫至記號
②
胚布(背面)
4
胚布(正面)
表布(正面)
胚布(正面)
鋪棉
包邊布(背面)
將包邊布翻向背面,以藏針縫縫合固定。

寬0.5cm壓線
依喜好拼接完成36個15×15cm的區塊。
15
15
A
B
3
4
3
111
包邊布
寬1cm壓線
111

完成尺寸 119×119cm

P9 No.11 手提包

◆材料
各式拼接用藍染布片 C用藍染布30×90㎝(包含裡側貼邊、配飾吊耳、滾邊部分) 提把用布35×20㎝ 鋪棉、胚布95×40㎝ 裡袋用布90×30㎝ 寬3cm平面織帶70㎝ 直徑8cm配飾1個

◆作法順序
拼接A、B布片,接縫C布片,完成2片表布→疊合鋪棉與胚布,進行壓線→依圖示完成縫製→吊耳穿套配飾後縫合固定。

◆作法重點
○A、B布片的原寸紙型請參照P.91。
○如同本體作法縫製裡袋。

完成尺寸 30×42cm

(2片)配飾吊耳固定位置(僅前片)
中心
7
A
B
7
寬0.4至0.7cm隨意進行壓線
33
脇邊
脇邊
C
5
42

提把
(2片・原寸裁剪)
8
①(正面)
35
3
車縫包覆平面織帶
31
②
中心
7 7
(背面)
暫時固定
50度左右形成角度
滾邊帶

吊耳
(原寸裁剪)
7
7
3 縫成筒狀後,翻向正面。
將吊耳縫合固定於本體。
2.5
吊耳

長31cm提把
1.2cm滾邊
配飾

裡袋(2片) 裡側貼邊
4.5
①
28
(背面)
42
②(背面)脇邊
8 縫合側身
正面相對疊合2片後,縫成袋狀。

縫製方法
①
(背面)
正面相對疊合2片後,縫成袋狀。
袋口正面相對疊合滾邊帶後,進行縫合。
③
預留餘份1.2cm
(正面)
原寸裁剪成寬4.5cm的滾邊帶(背面)
④ 0.2
(背面)脇邊
提把

⑤ 提把
內縮0.5cm
1.2
裡袋(正面)
放入裡袋,進行藏針縫。
滾邊帶翻向內側疊合提把車縫。
滾邊帶邊端不縫合固定

◆材料

各式拼接、貼布縫、口袋用布片　前片用碎白點花布、後片用布各25×20cm　袋蓋用布20×125cm（包含側身、肩背帶部分）　釦絆用布25×15cm（包含提把、貼布縫部分）　胚布、單膠鋪棉各50×35cm　內尺寸2.3cm　D形環2個　內尺寸1.9cm日形環1個　直徑1.8cm磁釦（縫式）1個　薄接著襯、25號繡線適量

◆作法順序

依圖示完成前片、後片、側身→製作釦絆、提把、肩背帶，依圖示完成縫製。

◆作法重點

○平針縫取6股繡線。釦絆與提把重疊車縫，只挑縫表布。
○表布黏貼單膠鋪棉時，微微地黏貼周圍，車縫後，沿著縫合針目邊緣修剪多餘的鋪棉。
○胚布黏貼薄接著襯，完成的作品更加堅固耐用。

完成尺寸　13.5×19cm

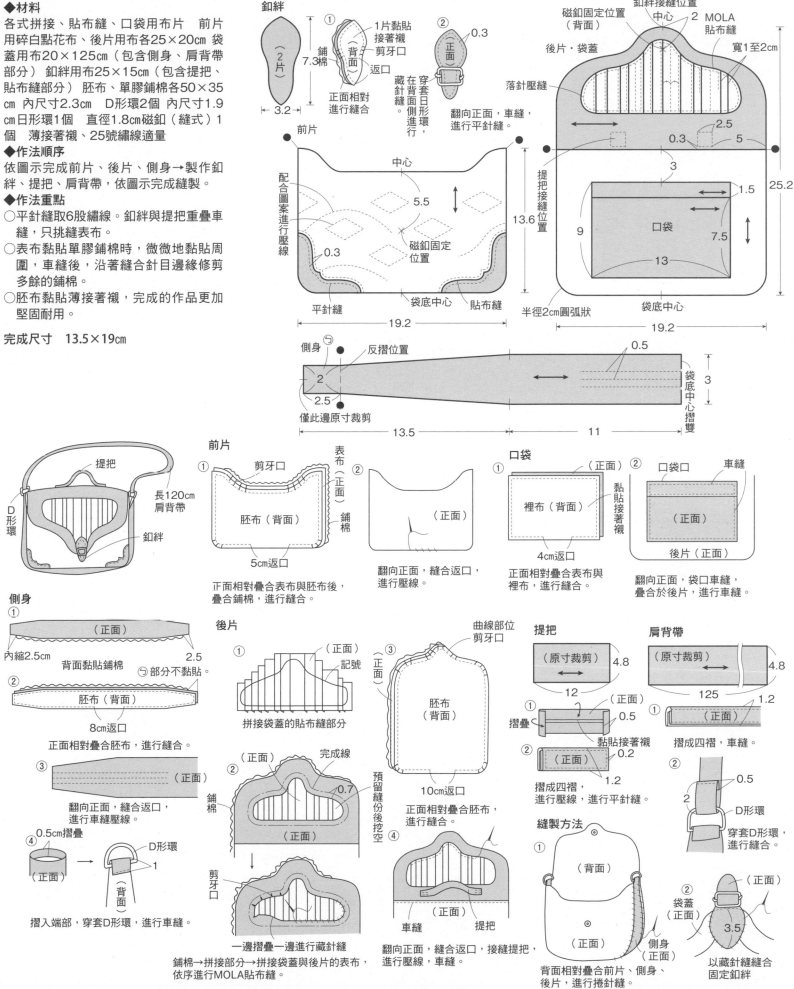

◆材料
各式拼接用布片　B用布20×35cm（包含袋口布部分）鋪棉、裡袋用各35×15cm　長10cm寬1cm附鉤環彈簧口金1個　長24cm附活動鉤皮革提把1條

◆作法順序
拼接布片完成表布→疊合鋪棉，進行壓線→製作袋口布→依圖示完成縫製。

◆作法重點
○裡袋與本體裁剪成相同尺寸，以相同作法進行縫合。

完成尺寸　18×10cm

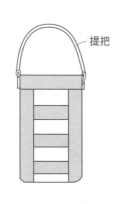
提把

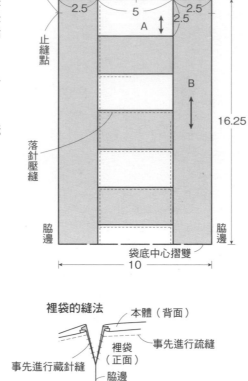

中心
1
2.5　5　2.5
A
2.5
止縫點
16.25
B
落針壓縫
脇邊　脇邊
袋底中心摺雙
10

裡袋的縫法
本體（背面）
裡袋（正面）
事先進行疏縫
事先進行藏針縫
脇邊

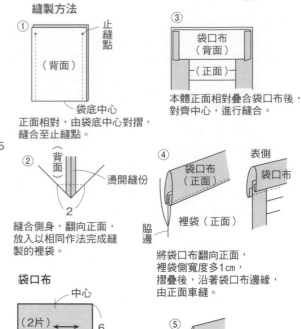

縫製方法
① 止縫點
（背面）
袋底中心
正面相對，由袋底中心對摺，縫合至止縫點。

② （背面）燙開縫份
2
縫合側身，翻向正面，放入以相同作法完成縫製的裡袋。

③
袋口布（背面）
（正面）
本體正面相對疊合袋口布後，對齊中心，進行縫合。

④
袋口布（正面）
袋口布
裡袋（正面）
脇邊
將袋口布翻向正面，裡袋側寬度多1cm，摺疊後，沿著袋口布邊緣，由正面車縫。

袋口布
中心
（2片）
6
10
袋口布（背面）1.5
摺疊側邊，車縫。

⑤
彈簧口金
1cm進行藏針縫
接縫袋口布，穿入口金。

◆材料
手冊套　各式快速壓縫用布片　雙面接著鋪棉、胚布各25×30cm　滾邊用布45×45cm　口袋用網布25×40cm
肩背包　各式快速壓縫用布片　滾邊用寬4cm斜布條85cm　雙面接著鋪棉80×30cm　隔層用布40×120cm（包含胚布、肩背帶部分）接著襯120×5cm　直徑2cm磁釦1組

◆作法順序
手冊套　進行快速壓縫（以熨斗燙黏），完成本體→網布進行滾邊後，疊合口袋，縫合隔層→依圖示完成縫製。
肩背包　進行快速壓縫，完成本體→口袋口進行滾邊→製作隔層，縫合固定於本體→依圖示完成縫製。

◆作法重點
○配合表側，修剪手冊套口袋的角上部位。
○肩背包的脇邊縫份處理方法請參照P.83方法A。

完成尺寸　手冊套　20×13cm
　　　　　肩背包　24.5×25cm

1cm滾邊

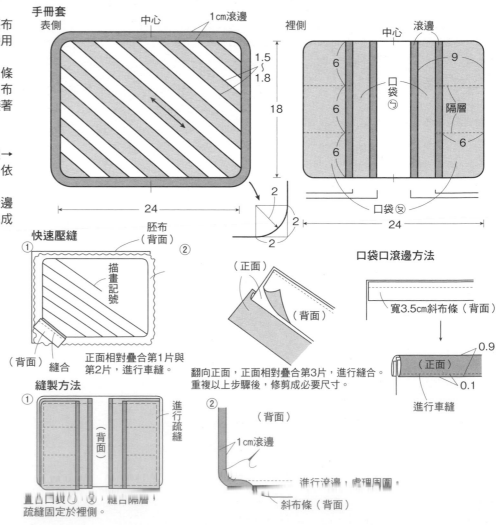

手冊套
表側
中心
1cm滾邊
裡側
中心
滾邊
1.5～1.8
18
6　9
口袋（→）
隔層
6
6　6
口袋（←）
24　24
2　2　2

快速壓縫
① 胚布（背面）②
描畫記號
（背面）縫合
正面相對疊合第1片與第2片，進行車縫。

（正面）
（背面）
翻向正面，正面相對疊合第3片，進行縫合。重複以上步驟後，修剪成必要尺寸。

口袋口滾邊方法
寬3.5cm斜布條（背面）
0.9
（正面）
0.1
進行車縫

縫製方法
① （背面）進行疏縫
置入口袋，縫合隔層，疏縫固定於裡側。

② （背面）
1cm滾邊
進行滾邊，處理周圍。
斜布條（背面）

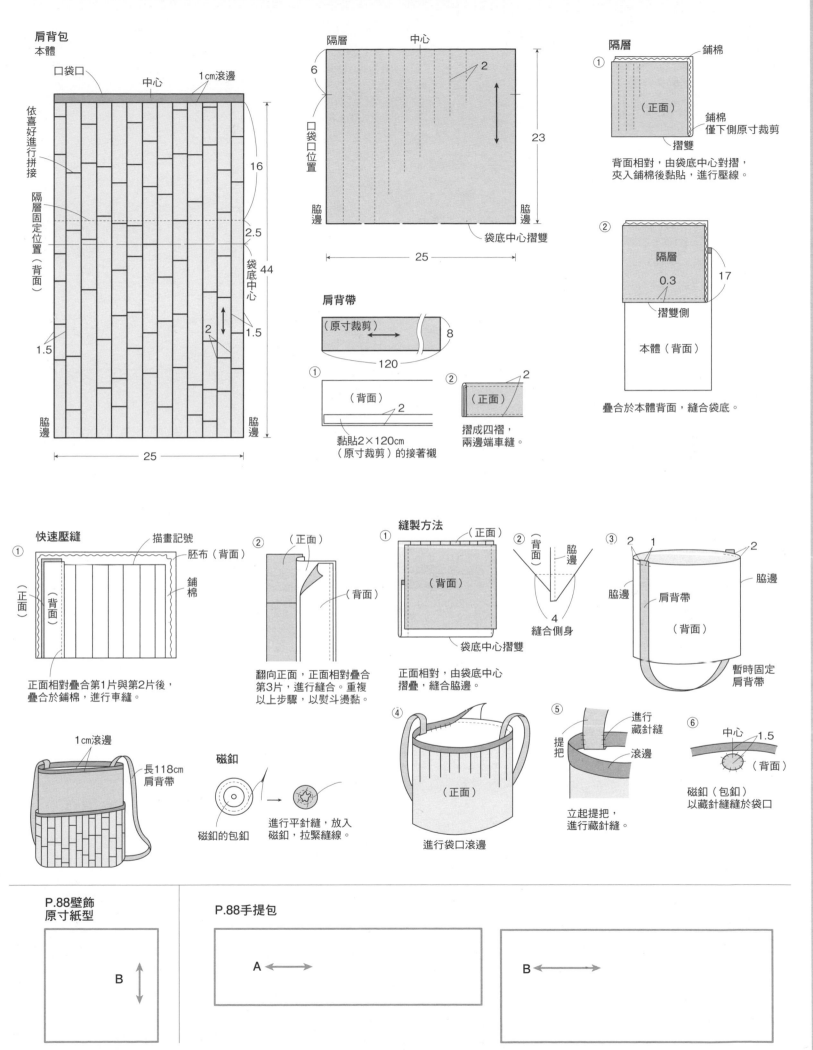

◆材料

茶壺墊　各式貼布縫用布片　A用布25×25cm
　　　　B、C用布25×10cm　鋪棉、胚布各
　　　　35×25cm

杯墊（1件的用量）各式貼布縫用布片　A用布
　　　　15×15cm　B用布15×10cm　鋪棉、
　　　　胚布各20×15cm

◆作法順序

相同　拼接A至C（杯墊為A、B）布片，進行
　　　貼布縫，完成表布→正面相對疊合表布
　　　與胚布後，疊合鋪棉，縫合周圍→翻向
　　　正面，以藏針縫縫合返口，進行壓線。

完成尺寸　茶壺墊　20×29cm
　　　　　杯墊　12.5×14cm

原寸貼布縫圖案

茶壺墊

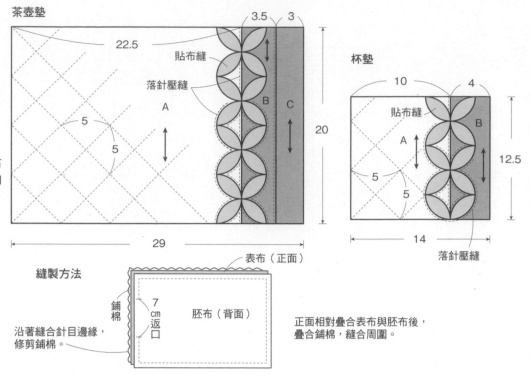

3.5　3
22.5
貼布縫
落針壓縫
A
B
C
5
5
20
29

杯墊

10　4
貼布縫
A
B
5
5
12.5
14
落針壓縫

縫製方法

表布（正面）
鋪棉
7cm返口
胚布（背面）
沿著縫合針目邊緣，修剪鋪棉。
正面相對疊合表布與胚布後，疊合鋪棉，縫合周圍。

◆材料

各式A用布片　B用布60×25cm（包含內口袋、
外口袋部分）鋪棉、胚布各25×30cm　滾邊用
寬3.5cm　斜布條90cm薄接著襯25×25cm　直
徑1.4cm縫式磁釦1組

◆作法順序

A、B布片進行快速壓縫，完成本體→疊合胚
布，進行壓線→製作內口袋與外口袋，與本體疊
合後，進行周圍滾邊。

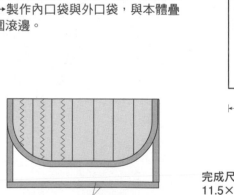

0.8cm滾邊

本體
半徑6cm的圓弧狀
中心　磁釦（凸）（背面）
A
9
3
落針壓縫
B
以Z字形車縫進行壓線
20
11
21

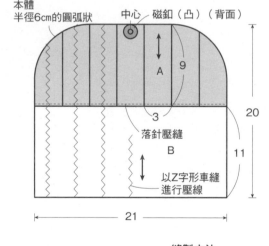

中心
摺雙　0.8cm車縫壓線
外口袋
10
21

中心
摺雙　0.8
內口袋
9
3　磁釦（凹）

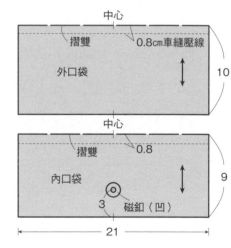

完成尺寸
11.5×22.5cm

縫製方法

①
位於外側部分黏貼接著襯
接著襯
摺雙　0.8
內口袋
外口袋
進行縫合

②

③
寬3.5cm斜布條

快速壓縫

①
鋪棉
A（正面）
A（背面）
縫合
記號
鋪棉描畫記號後，疊合A布片，進行縫合，翻向正面。

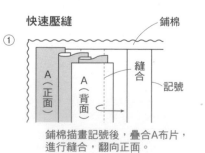

②
B
疊合B布片，進行縫合。

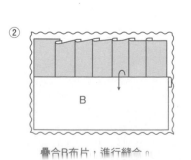

②
本體（背面）
疏縫
內口袋
外口袋
將內口袋與外口袋疊合於本體

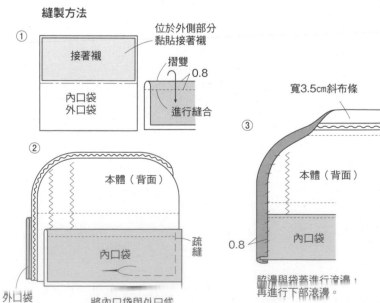

本體（背面）
0.8
內口袋
脇邊與袋著進行滾邊，再進行下部滾邊。

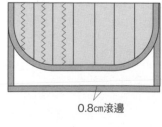

◆材料

羊毛材質米黃色布料90×45cm　耳朵與鼻尖用粉紅色先染布、單膠鋪棉、薄接著襯各15×10cm　直徑1.4cm包釦心、直徑0.6cm紅色鈕釦各2顆　填充用塑膠粒約160g　棉花約130g　25號粉紅色、米黃色繡線各適量

◆作法順序

製作各部位→依圖示完成縫製。

◆作法重點

○預留縫份0.7cm。但鼻子1.5cm，尾巴2cm。
○包釦作法請參照P.111。

完成尺寸　33cm

鼻子&尾巴

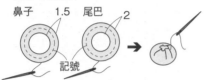

進行平針縫，塞入棉花，拉緊縫線。
（鼻子放入紙型，拉緊縫線）

頭部

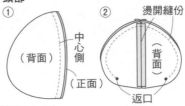

① 對稱形各1片，正面相對疊合，進行縫合，製作2片。

② 翻向正面，正面相對疊合2片，縫合周圍。

③ 以疏縫線縫合縫份，稍微拉緊縫線，縫份倒向內側。
翻向正面，塞入棉花。（包含用布約27g）

耳朵

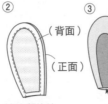

① 對稱形，各準備2片，前片背面黏貼原寸裁剪的單膠鋪棉，後片背面黏貼原寸裁剪的薄接著襯。

② 前片與後片正面相對疊合，由記號縫至記號。

③ 翻向正面，塞入少量棉花。

④ 摺入下部縫份，進行藏針縫，對摺後，再次進行藏針縫。

身體

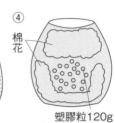

① 對稱形各1片，正面相對疊合，進行縫合，製作2片。

② 翻向正面，正面相對疊合2片，進行縫合。

③ 正面相對疊合底部，進行縫合。

④ 翻向正面，依序塞入棉花→塑膠粒→棉花（包含用布約180g）
塑膠粒120g

手&腳

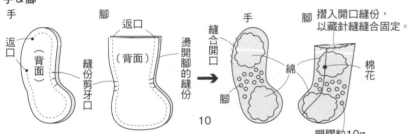

對稱形各1片，正面相對疊合，預留返口，進行縫合。

將接縫處調整至中心，摺疊後縫合固定。
塑膠粒10g

縫製方法

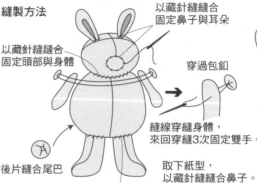

以藏針縫縫合固定鼻子與耳朵
以藏針縫縫合固定頭部與身體
穿過包釦
縫線穿縫身體，來回穿縫3次固定雙手。
後片縫合尾巴
以藏針縫縫合固定雙腳
取下紙型，以藏針縫縫合鼻子
進行鼻子貼布縫
縫上眼睛用串珠，進行刺繡

繡法

輪廓繡

3出　5出　1入　2入　4入　重複2至3次

8字結粒繡

1出　2入
繡線捲繞成8字形
稍微拉緊這條線，繡針由1穿出後，由近旁位置穿入。

緞面繡

1出　2入　3出
平針縫
一邊調節針目，一邊重複2至3次。

法國結粒繡
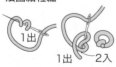
1出　1出　2入

平針縫

3出　2入　3　2　6　1　5　4　3出　1　5入　4入

魚骨繡

3出　1出　2入　4入　5出

飛羽繡

1入　3出　2入

十字繡

5出　3出　2入　4入　1入

雛菊繡
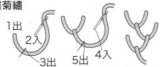
1出　2入　3出　5出　4入

回針繡
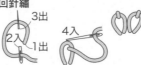
3出　2入　1出　4入

直線繡

1　3　5　出　出　出　7出　2　4　6　8入　入　入　入

◆材料
相同（1件的用量） 各式貼布縫用布片 台布45×35cm A、B用布
　　　60×40cm 滾邊用布60×20cm
繡球花 25號段染繡線、藏青色壓縫線各適量

◆作法順序
台布進行貼布縫→周圍接縫A與B布片，完成表布→疊合鋪棉與胚布，進行壓線（繡球花進行刺繡）→朝著逆時針方向進行周圍滾邊。

◆作法重點
○進行MOLA貼布縫，完成菖蒲花瓣的纖細模樣。
○進行繡球花貼布縫時，超出A布片部分，先接縫A布片，再進行貼布縫。

完成尺寸 菖蒲 58×50cm 繡球花 57×50cm

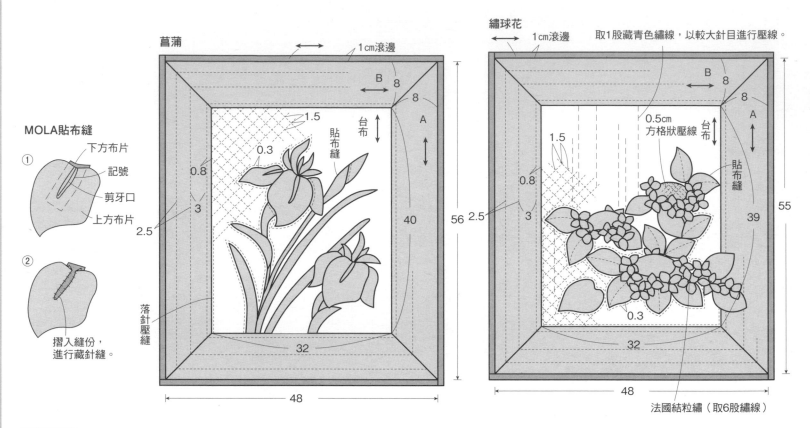

MOLA貼布縫
① 下方布片 / 記號 / 剪牙口 / 上方布片
② 摺入縫份，進行藏針縫。

菖蒲
1cm滾邊
B 8 / 8 / A
1.5
台布
貼布縫
0.3
0.8
3
2.5
40
56
落針壓縫
32
48

繡球花
1cm滾邊
取1股藏青色繡線，以較大針目進行壓線。
B 8 / 8 / A
0.5cm 方格狀壓線
1.5
台布
貼布縫
0.8
3
2.5
0.3
55
39
32
48
法國結粒繡（取6股繡線）

P14 No.21 餐墊

◆材料
各式拼接用布片 鋪棉40×35cm（右40×30cm）
胚布50×40cm（右50×35cm）

◆作法順序
拼接A與B布片，完成30個區塊，進行接縫，完成表布→疊合鋪棉與胚布，進行壓線→處理周圍。

◆作法重點
○胚布裁大一點，預留包覆周圍的部分。
○右製作24個區塊，接縫成6 × 4段。

完成尺寸 左33×39cm 右27×39cm

左
1.5
B
6 / A
6
1.5
30
36
落針壓縫

周圍的處理方法
①
角上部位預留縫份後，裁剪成45度。
胚布（背面）
鋪棉 4
1.5
完成線
表布
1.5
整齊修剪鋪棉與胚布，包覆後進行藏針縫。
②
此部分最後才進行藏針縫

原寸紙型
A
B

◆材料

各式拼接用布片　F布片35×15cm　E布片40×25cm　G、I布片80×20cm　H布片35×25cm（包含提把表布部分）　裡袋用布75×40cm　裡側貼邊用布30×50cm（包含提把裡布、釦絆部分）　出芽用布35×10cm　鋪棉80×50cm　單膠鋪棉、厚接著襯、中厚接著襯各35×20cm　直徑1.6cm磁釦1組　直徑0.5cm繩帶65cm

◆作法順序

製作滾邊繩→拼接A至D'布片，夾入滾邊繩，接縫E至G'布片，完成2片袋身表布→拼接布片，完成側身表布→表布疊合鋪棉、胚布，進行壓線→製作裡側貼邊、提把、釦絆→依圖示完成縫製。

◆作法重點

○後片袋身的E布片，沿著圖案進行壓線。
○背面相對疊合本體與裡袋時，由內側暫時固定縫份，袋口縫份進行疏縫。

完成尺寸　24×30cm

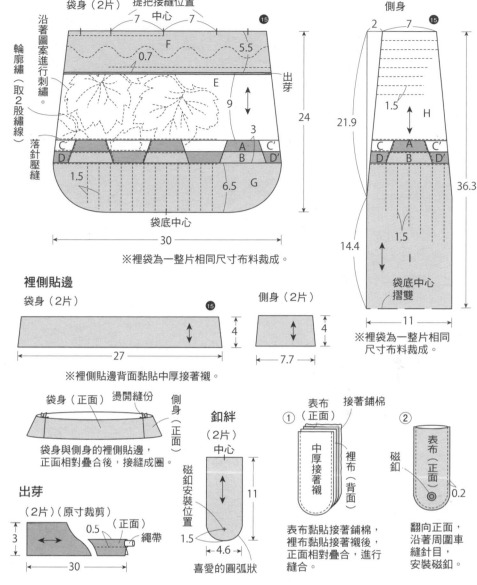

※裡袋為一整片相同尺寸布料裁成。

裡側貼邊

※裡側貼邊背面黏貼中厚接著襯。

提把

（表布、裡布各2片）

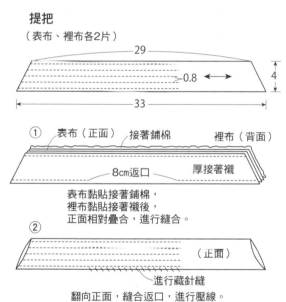

表布黏貼接著鋪棉，
裡布黏貼接著襯後，
正面相對疊合，進行縫合。

翻向正面，縫合返口，進行壓線。

出芽

（2片）（原寸裁剪）

釦絆

（2片）

磁釦安裝位置
喜愛的圓弧狀

表布黏貼接著鋪棉，
裡布黏貼接著襯後，
正面相對疊合，進行縫合。

翻向正面，
沿著周圍車縫針目，
安裝磁釦。

縫製方法

①

正面相對疊合袋身與側身，進行縫合。裡袋也以相同作法進行縫製。

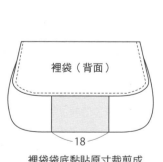

裡袋袋底黏貼原寸裁剪成18×11cm的厚接著襯。

②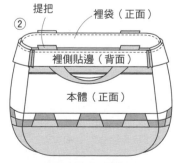

背面相對疊合本體與裡袋，暫時固定提把後，正面相對疊合裡側貼邊，進行縫合。

③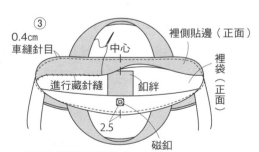

朝著內側摺疊裡側貼邊，後片中心夾入釦絆（磁釦面朝上），進行藏針縫後，沿著袋口壓縫針目。前片背面安裝磁釦。

◆材料
本體用布、胚布、裡布各110×40㎝　單膠鋪棉100×45㎝　厚接著襯30×40㎝　寬2.5cm長40cm皮革提把1組　主題圖案蕾絲7片　5號繡線、喜愛的串珠、配飾各適量

◆作法順序
前片、後片、側身、袋底的背面，分別黏貼鋪棉後，疊合胚布，進行壓線→沿著圖案自由地進行刺繡，縫上喜愛的串珠→製作袋底側身→製作裡袋→依圖示完成縫製。

◆作法重點
○手繪直線狀壓縫線後，自由地進行壓線。
○前片進行刺繡時，請參考「刺繡組合例」，以喜愛的針法，自由地進行滾邊，然後縫上串珠加以裝飾。
○進行壓線、刺繡後，將袋口以外的縫份，整齊修剪成0.7cm。

完成尺寸　26×32.5cm

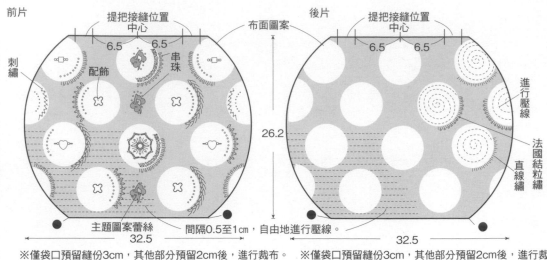

前片
提把接縫位置 中心
6.5　6.5
刺繡
配飾
串珠
26.2
布面圖案
主題圖案蕾絲
間隔0.5至1cm，自由地進行壓線。
32.5
※僅袋口預留縫份3cm，其他部分預留2cm後，進行裁布。
※裡布為相同尺寸。

後片
提把接縫位置 中心
6.5　6.5
布面圖案
進行壓線
法國結粒繡
直線繡
32.5
※僅袋口預留縫份3cm，其他部分預留2cm後，進行裁布。
※裡布為相同尺寸。

縫製方法
①
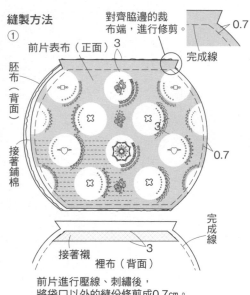
前片表布（正面）
對齊脇邊的裁布端，進行修剪
完成線
0.7
3
胚布（背面）
接著鋪棉
3
0.7
完成線
接著襯
裡布（背面）
3

前片進行壓線、刺繡後，將袋口以外的縫份修剪成0.7cm。
裡布事先黏貼接著襯，依下圖示，黏貼於袋口完成線內側3cm處。

側身（2片）
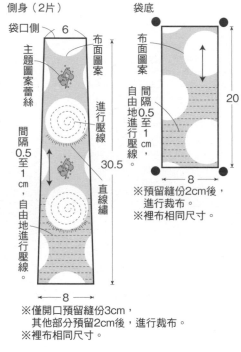
袋口側　6
布面圖案
主題圖案蕾絲
進行壓線
間隔0.5至1cm，自由地進行壓線。
30.5
直線繡
間隔0.5至1cm，自由地進行壓線。
8
※僅開口預留縫份3cm，其他部分預留2cm後，進行裁布。
※裡布相同尺寸。

袋底
布面圖案
自由地進行壓線
間隔0.5至1cm
20
直線繡
8
※預留縫份2cm後，進行裁布。
※裡布相同尺寸。

袋底側身
①
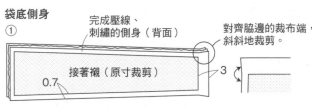
完成壓線、刺繡的側身（背面）
對齊脇邊的裁布端，斜斜地裁剪。
接著襯（原寸裁剪）
0.7
3

側身完成壓線、刺繡後，背面黏貼原寸裁剪的接著襯，將袋口以外的縫份，修剪成0.7cm。
※袋底周圍縫份同樣修剪成0.7cm。

②
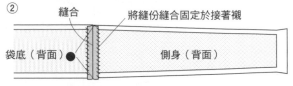
縫合
將縫份縫合固定於接著襯
袋底（背面）
側身（背面）

正面相對疊合袋底與側身，進行縫合。
燙開縫份，將縫份縫合固定於接著襯。
袋底的另一側也以相同作法縫合側身。

③

接著襯
袋底裡布（背面）
縫合
側身裡布（背面）
3
3
完成線

裡布用袋底側身如同②作法完成製作後，側身袋口側黏貼接著襯。

②
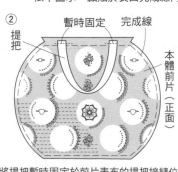
暫時固定　完成線
提把
本體前片（正面）

將提把暫時固定於前片表布的提把接縫位置。
※後片也以相同作法完成縫製。

③
縫合
裡布（背面）
本體前片（背面）

正面相對疊合裡布，縫合袋口。
※後片也以相同作法完成縫製。

④
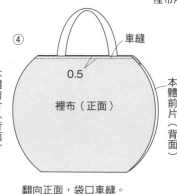
車縫
0.5
裡布（正面）
本體前片（背面）

翻向正面，袋口車縫。
※後片也以相同作法完成縫製。

⑤
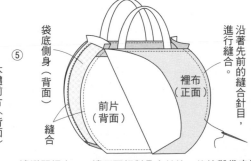
袋底側身（背面）
前片（背面）
縫合
裡布（正面）
沿著先前的縫合針目，進行縫合。

一邊避開裡布，一邊正面相對疊合前片、後片與袋底側身，進行縫合。將裡布翻至正面，疊合於前片、後片縫合。

⑥
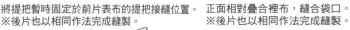
縫合固定
裡布（正面）
袋底側身（背面）
朝著背面摺疊
裡布（正面）

縫份倒向袋底側身，將裡布縫份縫合固定於袋底側身部位。朝著背面，摺疊袋底側身上部的縫份。

⑦
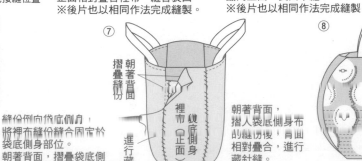
朝著背面摺疊縫份
裡布（正面）
袋底側身
進行藏針縫

朝著背面，摺入袋底側身布的縫份後，背面相對疊合，進行藏針縫。

⑧
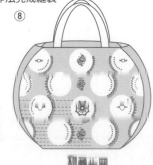

刺繡組合作法
繡縫2種串珠
魚骨繡之間
飛羽繡的尖端
繡縫串珠
雛菊繡與串珠
直線繡與竹珠

◆材料

No.26　各式拼接用布片　B用布60×35cm　袋底用布
60×60cm（包含滾邊部分）　鋪棉45×80
cm　胚布110×45cm（包含處理縫份用寬3cm斜
布條、補強片部分）　寬0.8cm蕾絲125cm　長48
cm皮革提把1組

No.27　各式拼接用布片　B用布35×30cm（包含後片
部分）　胚布65×65cm（包含處理縫份用寬3cm
斜布條、補強片部分）　吊耳用寬3cm斜布條55
cm（包含滾邊部分）　寬0.8cm蕾絲30cm　鋪棉
65×20cm　附活動鉤皮革肩背帶1條　並太毛線
適量

◆作法順序

No.26　拼接A布片，完成中央部→中央部接縫B布片，
完成袋身表布→袋身表布與袋底表布的背面，
分別疊合鋪棉、胚布，進行壓線→縫合固定蕾
絲→製作補強片→依圖示完成縫製。

No.27　拼接A布片，完成前片下部→前片下部接縫B布
片，完成前片表布→前片表布與後片表布的背
面，分別疊合鋪棉、胚布，進行壓線→縫合固
定蕾絲→製作吊耳→依圖示完成縫製。

完成尺寸　No.26　29.5×37cm　No.27　14.5×24cm

原寸紙型
A

No.26

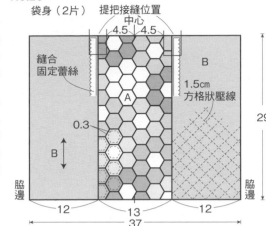

袋身（2片）　提把接縫位置
中心
4.5　4.5

縫合固定蕾絲

B

A

1.5cm
方格狀壓線

0.3

B

脇邊　脇邊

12　13　12
37

29

縫製方法

①
袋身（正面）
處理縫份用寬3cm斜布條（背面）
縫合
袋身（背面）
0.7

袋身進行壓線，縫合固定蕾絲後，
正面相對疊合2片，縫合兩脇邊。
以斜布條包覆縫份進行滾邊。

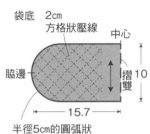

袋底　2cm方格狀壓線
中心
脇邊
摺雙
10
15.7
半徑5cm的圓弧狀

②
袋身（正面）
脇邊　袋底　脇邊
縫合（正面）
0.7

翻向正面後，背面相對疊合已
完成壓線的袋底，進行縫合。

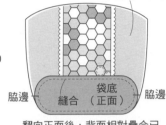

③
袋身（正面）
0.7
袋底（正面）

以寬3cm的斜布條
包覆縫份進行滾邊。

④
0.7cm滾邊
本體（正面）

以寬3cm的斜布條包覆縫份，
進行袋口滾邊

⑤
提把
本體（正面）

縫合固定提把，
以藏針縫縫上補強片。

沿著本體背面側的縫合針目，
以藏針縫縫上補強片。
提把

補強片（4片）　補強片
（原寸裁剪）
直徑8cm
①朝著背面摺疊縫份。
（背面）　0.7
②進行平針縫。
③拉緊縫線。

No.27

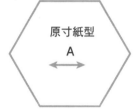

前片
1
20
縫合固定蕾絲
6
中心　B
10
A
0.3
28
16

後片
20
中心
1.5cm方格狀壓線
28
16

吊耳
①
並太毛線
縫合　0.75　0.2
原寸裁剪成寬3cm的斜布條12cm
斜布條背面相對摺成四褶，
車縫針目後，穿入毛線。

②

暫時固定
3
對半剪成2條，
形成環狀後，
進行固定。

縫製方法

①
前片（正面）
縫合
後片（背面）

前片進行壓線後，縫合固定蕾絲，
後片進行壓線後，正面相對疊合2片，
縫合兩脇邊與袋底。

②
前片（正面）
斜布條處理縫份用（正面）
後片（背面）
0.7

以斜布條包覆周圍縫份進行滾邊

③
脇邊
4
0.7
縫合
處理縫份用斜布條（正面）

摺疊袋底，縫合側身。
修剪多餘縫份，
以斜布條進行滾邊。

④
本體（正面）　0.7
斜布條處理縫份用（正面）

翻向正面，進行袋口滾邊。

⑤
斜布條（正面）
1.5
吊耳
脇邊
本體（背面）

兩脇邊分別縫合
固定吊耳

⑥
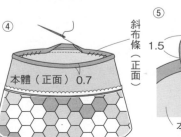
拉鍊（背面）
星止縫　千鳥縫
本體（正面）

以星止縫將拉鍊縫合
固定於滾邊部位，
以千鳥縫壓縫拉鍊端。

⑦
摺入拉鍊端部
2　3
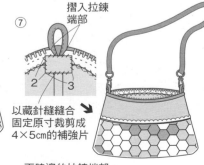

以藏針縫縫合
固定原寸裁剪成
4×5cm的補強片

兩脇邊的拉鍊端部，
疊合補強片後，進行藏針縫。
以肩背帶的活動鉤鉤住吊耳。

◆材料

各式拼接用布片　㊁用布60×30cm（包含繩帶部分）　裡袋用布95×60cm（包含底板固定布部分）　側身用布95×15cm　後片用40×35cm　袋口布、裡側貼邊用布95×10cm　內口袋35×30cm　內口袋用布條布30×5cm　鋪棉95×55cm　直徑1.8cm磁釦1組　直徑2cm包釦心8顆　直徑0.3cm珍珠45顆　寬1cm滾邊繩190cm　長45cm提把1組　磁釦用補強片、包釦用布、調節環用布、毛線各適量

◆作法順序

拼接A至C布片，進行貼布縫，進行刺繡，完成12個㊁區塊→製作12個㊁區塊→分別接縫10個㊂、㊁區塊，彙整成前片表布→分別接縫2個㊂、㊁區塊，彙整成後片口袋，依序完成口袋→前片、後片、側身的表布，分別疊合鋪棉，進行壓線→依圖示完成縫製。

◆作法重點

○車縫細褶的㊂區塊作法請參照P.73。
○磁釦用補強片、包釦用布，皆由布料剪下漂亮花圖案後使用。

完成尺寸　35×31cm

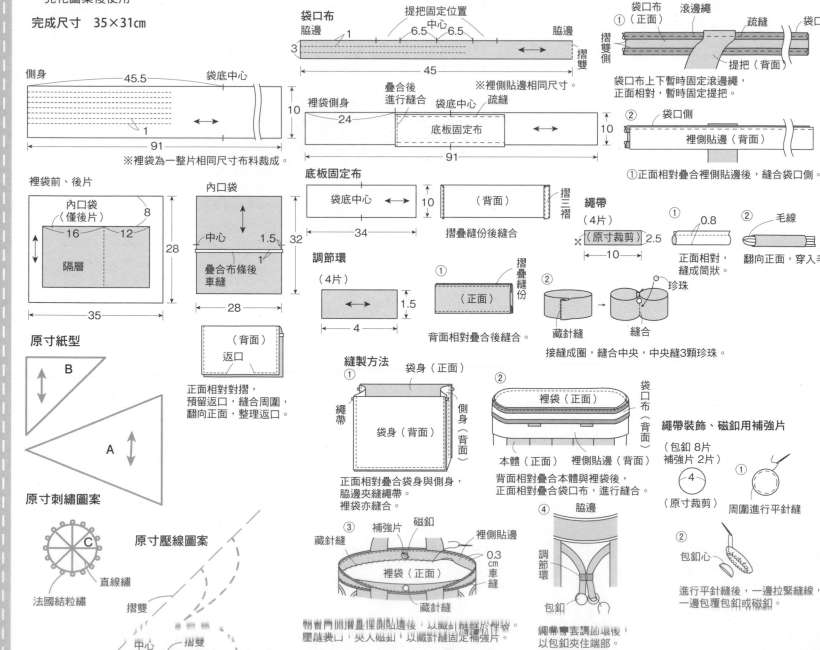

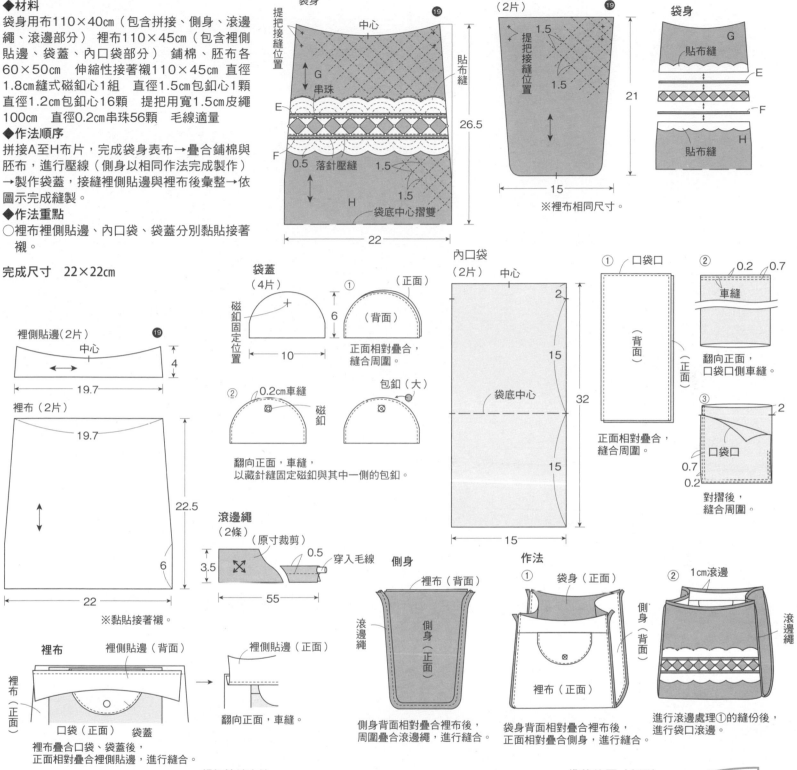

◆材料

袋身用布110×40cm（包含拼接、側身、滾邊繩、滾邊部分）　裡布110×45cm（包含裡側貼邊、袋蓋、內口袋部分）　鋪棉、胚布各60×50cm　伸縮性接著襯110×45cm　直徑1.8cm縫式磁釦心1組　直徑1.5cm包釦心1顆　直徑1.2cm包釦心16顆　提把用寬1.5cm皮繩100cm　直徑0.2cm串珠56顆　毛線適量

◆作法順序

拼接A至H布片，完成袋身表布→疊合鋪棉與胚布，進行壓線（側身以相同作法完成製作）→製作袋蓋，接縫裡側貼邊與裡布後彙整→依圖示完成縫製。

◆作法重點

○裡布裡側貼邊、內口袋、袋蓋分別黏貼接著襯。

完成尺寸　22×22cm

（袋身 labels: 中心, 提把接縫位置, G, 串珠, E, F, 26.5, 22, 貼布縫, 0.5 落針壓縫, 1.5, 1.5, H, 袋底中心摺雙）⑲

（側身（2片）labels: 提把接縫位置, 1.5, 1.5, 21, 15, ※裡布相同尺寸。）⑲

（袋身 labels: G, 貼布縫, E, F, H, 貼布縫, 21）

裡側貼邊（2片）⑲
中心　4　19.7

裡布（2片）
19.7　22.5　6　22　※黏貼接著襯。

袋蓋（4片）
① 磁釦固定位置　（正面）（背面）6　10
正面相對疊合，縫合周圍。
② 0.2cm車縫　磁釦
② 包釦（大）
翻向正面，車縫，以藏針縫固定磁釦與其中一側的包釦。

滾邊繩（2條）（原寸裁剪）
3.5　0.5　穿入毛線　55

內口袋（2片）
中心　2　15　32　15　15
袋底中心
正面相對疊合，縫合周圍。

① 口袋口（背面）（正面）15
正面相對疊合，縫合周圍。
② 0.2　0.7　車縫
翻向正面，口袋口側車縫。
③ 2　口袋口　0.7　0.2
對摺後，縫合周圍。

裡布
裡布（正面）　裡側貼邊（背面）　口袋（正面）　袋蓋
裡布疊合口袋、袋蓋後，正面相對疊合裡側貼邊，進行縫合。
→ 裡側貼邊（正面）
翻向正面，車縫。

側身
側身　裡布（背面）　滾邊繩　側身（正面）
側身背面相對疊合裡布後，周圍疊合滾邊繩，進行縫合。

作法
① 袋身（正面）　側身（背面）　裡布（正面）
袋身背面相對疊合裡布後，正面相對疊合側身，進行縫合。
② 1cm滾邊　滾邊繩
進行滾邊處理①的縫份後，進行袋口滾邊。

包釦
小（16片）　大（1片）
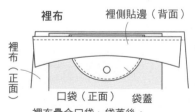
3　3.2
作法請參照P.98。

提把接縫方法
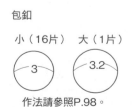
① 以袋身與側身夾縫
② 以藏針縫縫合固定包釦

提把鑽孔位置
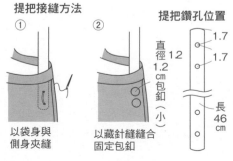
直徑1.2cm包釦（小）　1.7　1.7　長46cm
※袋身、側身、提把，分別以固定釦用工具打上孔洞。

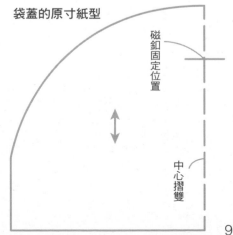

袋蓋的原寸紙型
磁釦固定位置　中心摺雙

◆**材料**

各式拼接、貼布縫用布片　E用白色素布110×65cm（包含D布片部分）　F、G用印花布（包含滾邊部分）、鋪棉、胚布各90×110cm

◆**作法順序**

拼接A至D布片，完成24片圖案⊙→E布片進行貼布縫，完成20片圖案⊗→接縫圖案與布片E，周圍接縫F與G布片，完成表布→疊合鋪棉與胚布，進行壓線→進行周圍滾邊。

◆**作法重點**

○角上進行畫框式滾邊（請參照P.82）。

圖案⊙的配置圖＆拼接方法

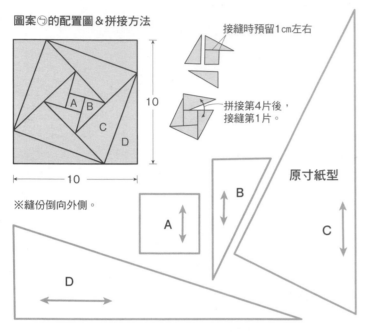

接縫時預留1cm左右

拼接第4片後，接縫第1片。

10

10

※縫份倒向外側。

原寸紙型

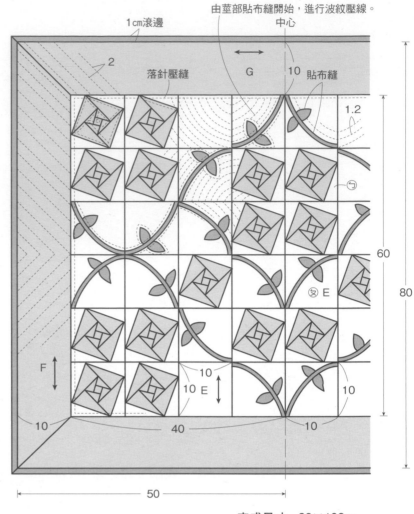

由莖部貼布縫開始，進行波紋壓線。

1cm滾邊　　中心

落針壓縫　G　10　貼布縫

2

1.2

60

80

⊗ E

F↑

10
10 E

10

10

10

40

10

完成尺寸　82×102cm

50

◆**材料**

各式拼接用布片　L至P用綠色斑染布片70×50cm（包含滾邊部分）　Q至T用棉麻布90×50cm（包含裡布部分）　鋪棉、胚布各50×50cm　寬1.5cm蕾絲20cm　長40cm拉鍊1條

◆**作法順序**

拼接A至T布片，完成9片圖案→接縫圖案，完成正面表布→疊合鋪棉與胚布，進行壓線，縫合固定蕾絲→製作裡布→背面相對疊合表布與裡布，縫合周圍，進行滾邊。

◆**作法重點**

○由中心開始拼接圖案，參照配置圖，改變方向，依序拼接。

完成尺寸　47×47cm

裡布

2

41cm拉鍊開口

a

b

45

30　15

45

如同表布作法，角上修剪成圓弧狀。

表布　落針壓縫　1cm滾邊

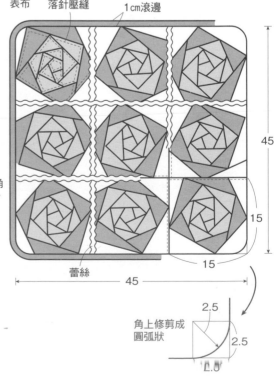

45

45

15

15

蕾絲　45

角上修剪成圓弧狀

2.5

2.5

圖案的配置圖

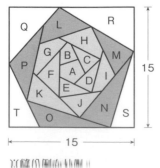

Q　L　R
H
G　B　M
P　F　A　D　I
K　E
T　O　J　N　S

15

15

拉鍊安裝方法

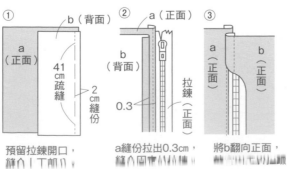

①　b（背面）

a（正面）

41cm疏縫

2cm縫份

預留拉鍊開口，

②　a（正面）

b（背面）

0.3

a縫份拉出0.3cm，

③

a（正面）　b（正面）

拉鍊（正面）

將b翻向正面，

◆材料

各式拼接、貼布縫用布片　F、G用布110×45cm　I、J用布110×50cm

鋪棉、胚布各130×110cm　滾邊用寬3.5cm斜布條450cm

◆作法順序

拼接A至D布片，完成18片帆船圖案→2片E布片分別進行貼布縫→接縫圖案與E至H布片，周圍接縫I與J布片，完成表布→疊合鋪棉與胚布，進行壓線→進行周圍滾邊。

◆作法重點

○依喜好反轉海豚圖案進行貼布縫。

○海豚眼睛依喜好進行刺繡。

○角上進行畫框式滾邊（請參照P.82）。

完成尺寸　121.5×100.5cm

原寸紙型

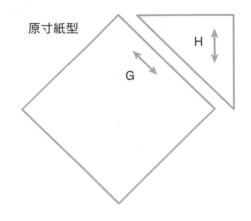

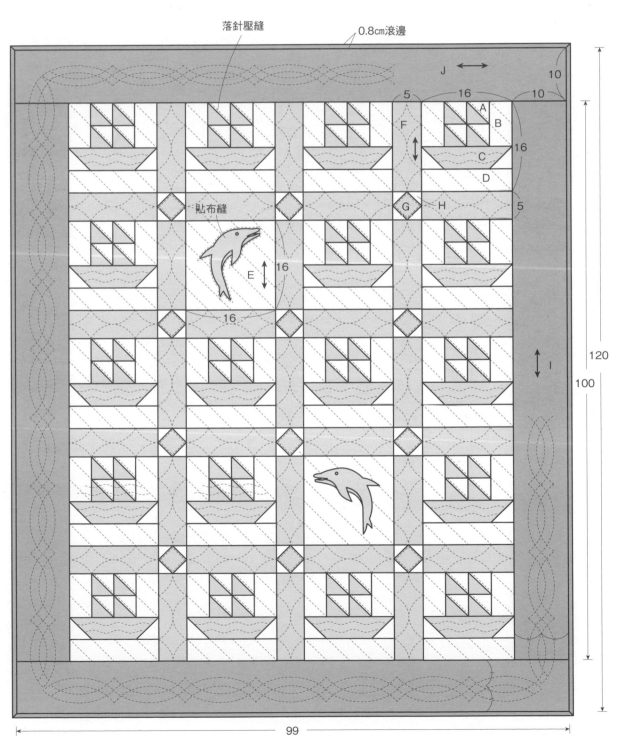

◆材料 ※（ ）內為No.56尺寸說明

相同　各式拼接用布片　綠色斑染布（水藍色印花布）55×30cm
（30×25cm）　鋪棉50×25cm（40×15cm）　胚布、袋蓋裡布
60×25cm（40×25cm）　滾邊用寬3.5cm斜布條2種各80cm　保溫保
冷墊22×11cm　拉環1個（長約4cm 罐頭等物品上的拉環）　長30
cm拉鍊1條

No.55提把用布25×6cm　No.56長5cm鉤環

◆作法順序

拼接2片圖案後，接縫H、I（No.56 I、J），完成袋身表布→疊合鋪棉與胚
布，進行壓線→接縫成圈→製作袋蓋、袋底、提把（No.56 吊耳），依圖
示完成縫製。

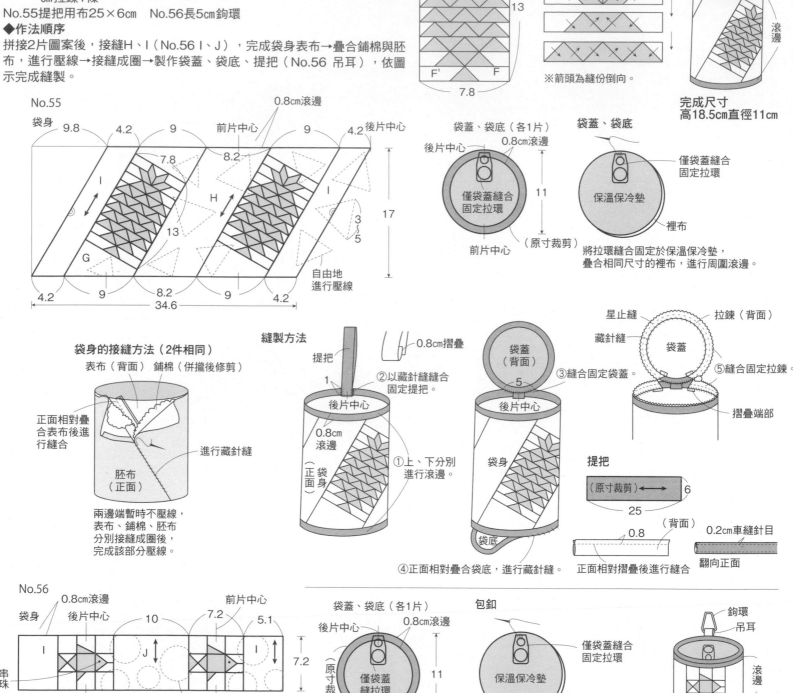

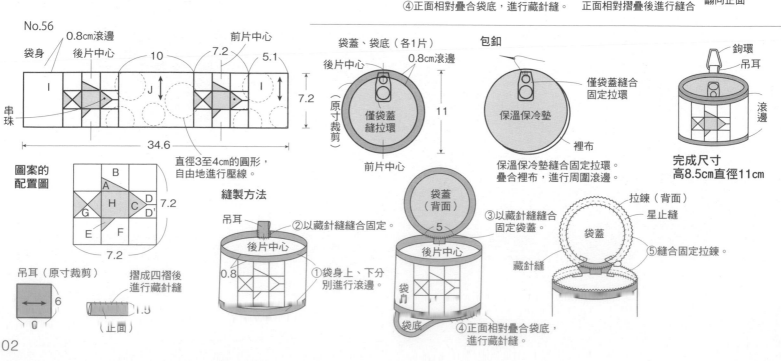

◆材料
各式拼接、貼布縫用布片　F、G用布75×75cm
（包含滾邊部分）鋪棉、胚布各80×80cm　25號
繡線適量

◆作法順序
拼接㋑至㋒（茶杯、茶壺、冷水壺、玻璃杯）圖
案，與㋐至㋕區塊，㋑進行刺繡與貼布縫→拼接圖
案、區塊與A至C布片，周圍接縫F、G布片，完成
表布→疊合鋪棉、胚布，進行壓線→進行周圍滾
邊。

◆作法重點
○角上進行畫框式滾邊（請參照P.82）。

完成尺寸　74×73cm

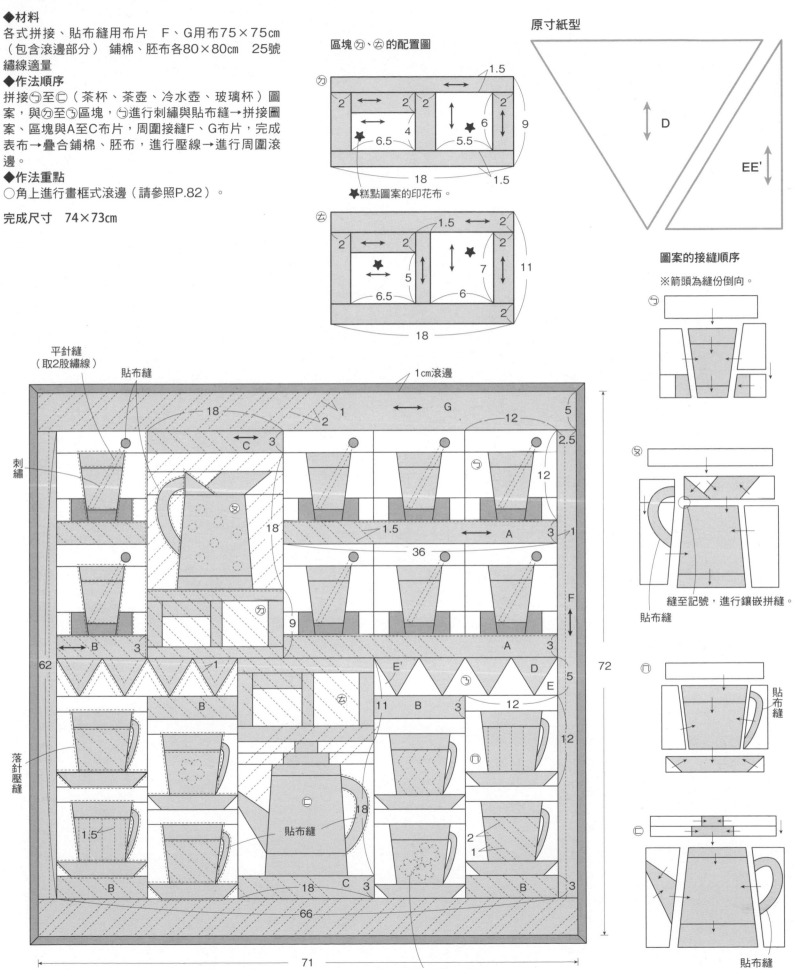

區塊㋐、㋕的配置圖

★糕點圖案的印花布。

原寸紙型

圖案的接縫順序

※箭頭為縫份倒向。

縫至記號，進行鑲嵌拼縫。
貼布縫

沿著圖案進行壓線

貼布縫

103

◆材料
各式拼接用布片　本體用布80×25cm（包含口袋裡布、釦絆部分）
鋪棉75×40cm　側身胚布85×30cm（包含前片與後片的裡布部
分）　長29cm拉鍊1條　內尺寸1.5cm　D形環2個　直徑1.5cm隱形磁
釦1組　長121cm附活動鉤肩背帶1條

◆作法順序
拼接A至C布片，完成前片與口袋的表布→疊合鋪棉，進行壓線→後
片與側身下部也以相同作法進行壓線→側身上部安裝拉鍊後，與側
身下部接縫成圈（此時夾縫釦絆）→製作口袋→後片與口袋安裝隱
形磁釦後，疊合2片，暫時固定→前片與後片疊合相同尺寸的裡布
後，與側身正面相對進行縫合→以肩背帶的活動鉤鉤住D形環。

◆作法重點
○縫份處理方法請參照P.83方法B。

完成尺寸　直徑20cm

原寸紙型

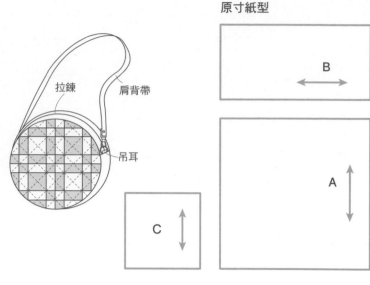

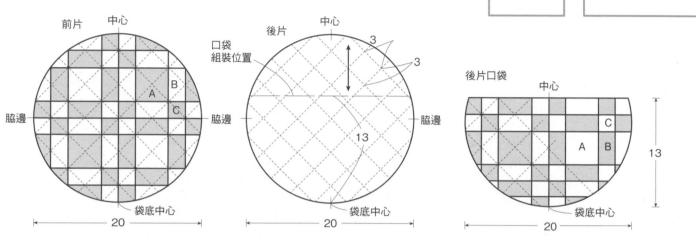

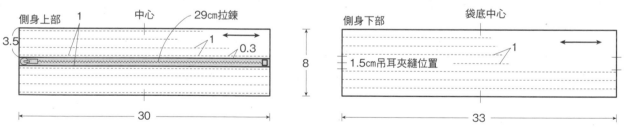

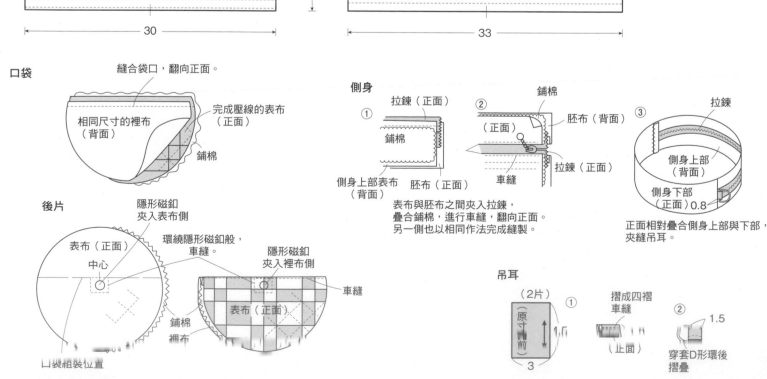

◆材料

手提袋　各式拼接、吊耳用布片　袋底用布40×20cm　裡側貼邊用布110×5
cm　蓋布60×35cm　鋪棉、胚布、裡袋、接著襯各110×50cm　長60
cm提把1組　直徑2cm縫式磁釦1組　長5cm牛角繩釦、直徑1.6cm串珠各1
顆　寬0.6cm繩帶15cm

眼鏡袋　各式拼接用、吊耳用布片　裡布25×25cm　直徑1.5cm縫式磁釦1組　寬1
cm長23cm附活動鉤　D形環的提把1條

◆作法順序

手提袋　拼接A布片，完成袋身表布→疊合鋪棉與胚布，進行壓線→正面相對，接
縫成筒狀→袋底用布也以相同作法進行壓線後，與袋身正面相對進行縫
合（袋身微調縫出立體感）→製作裡袋與蓋布→依圖示完成縫製（袋底
放入底板亦可）

眼鏡袋　拼接A與B布片，完成表布→表布與裡布正面相對疊合，夾縫吊耳→依圖
示完成縫製。

◆作法重點

○袋身進行壓線時，預留兩端3至4cm，依序拼接表布、鋪棉、胚布，縫成筒狀
（請參照P.83方法C）。最後才完成預留部分的壓線。

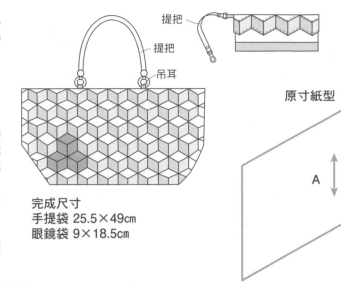

原寸紙型

A

完成尺寸
手提袋 25.5×49cm
眼鏡袋 9×18.5cm

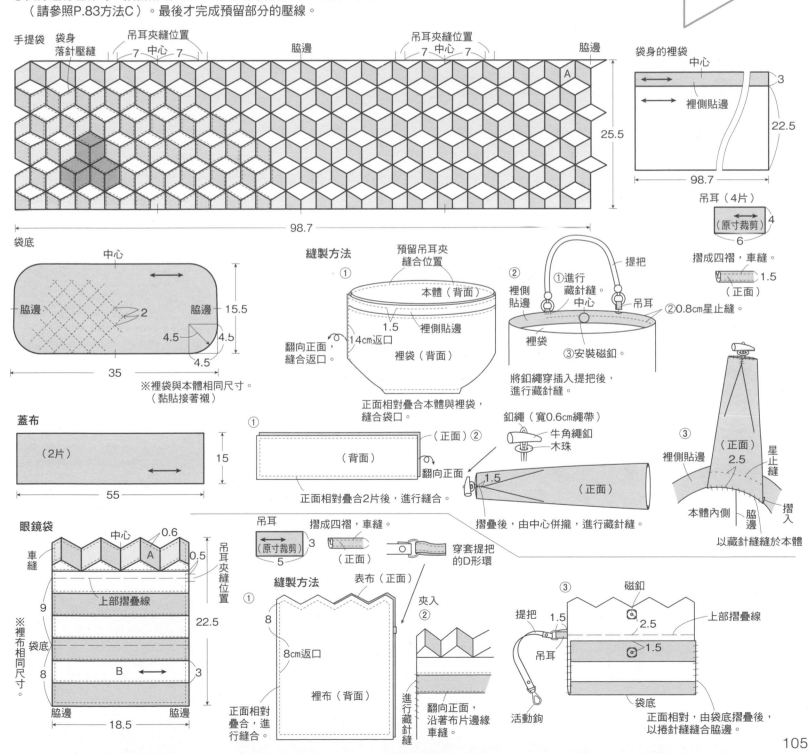

◆材料

各式拼接用布片　I用布110×50cm（包含滾邊部分）　鋪棉、胚
布各55×55cm　直徑0.3cm串珠5顆　25號繡線適量

◆作法順序

拼接5片圖案ㄱ、4片圖案ㄨ後，接縫I布片，完成表布→疊合鋪
棉與胚布，進行壓線→進行周圍滾邊→進行刺繡，縫上串珠。

◆作法重點

○角上進行畫框式滾邊（請參照P.82）。

完成尺寸　49.5×49.5cm

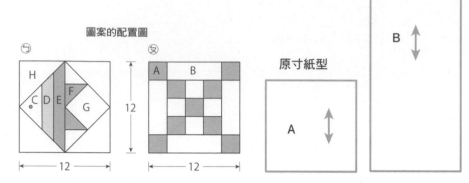

圖案的配置圖

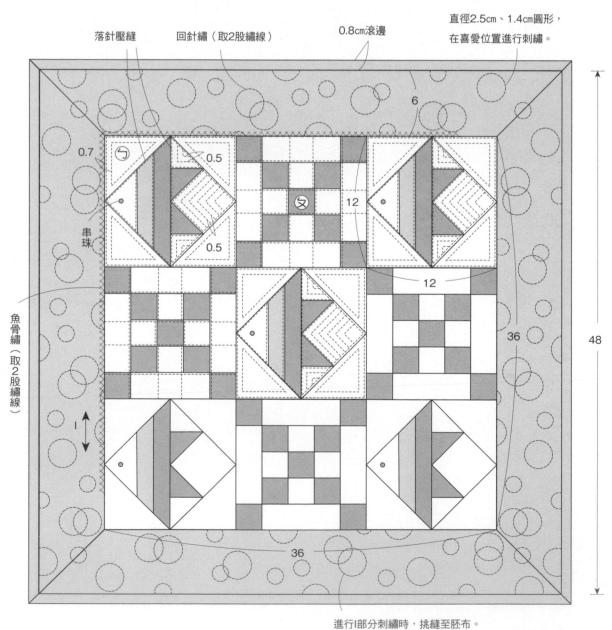

進行I部分刺繡時，挑縫至胚布。

◆材料

本體用布、單膠鋪棉各90×40cm（包含處理邊端用布、拉鍊裝飾布部分）　裡袋用布85×35cm　台布80×95cm　裝飾布70×30cm　直徑1.3cm主題圖案蕾絲　直徑0.4cm珍珠22顆　寬0.8cm波形織帶180cm　長45cm拉鍊1條　長30cm皮革提把1組

◆作法順序

2片本體表布與2片裡袋用布，分別於袋底中心進行拼接→本體表布背面黏貼鋪棉，進行壓線→以教堂之窗作法完成2片主題圖案→製作口袋→將主題圖案與口袋縫合固定於本體→依圖示完成縫製。

完成尺寸　20×40cm

口袋

①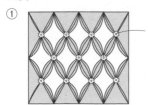

圖案裝飾主題

以教堂之窗作法完成表布後，縫合固定珍珠與主題圖案蕾絲。

②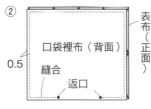

表布（正面）
口袋裡布（背面）
0.5
縫合
返口

正面相對疊合口袋裡布，預留返口後，進行縫合。

③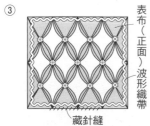

表布（正面）波形織帶
藏針縫

翻向正面，縫合返口，縫合固定波形織帶。

拉鍊裝飾

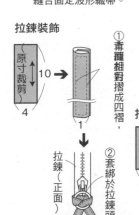

原寸裁剪
10
4
7
3
1
1

①專攤翻對摺成四褶，
②套綁於拉鍊頭
拉鍊（正面）

拉鍊端部的處理方法

拉鍊（背面）
處理端部用布
處理端部用布（背面）
拉鍊（正面）
拉鍊（正面）
3.5
①縫合。
②翻向正面，摺疊縫份。
③對摺後車縫。

本體（2片）

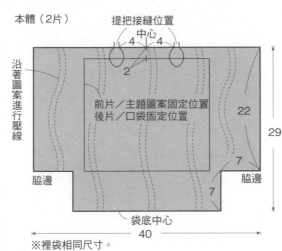

提把接縫位置
中心　4　4
2
沿著圖案進行壓線
前片／主題圖案固定位置
後片／口袋固定位置
22
29
脅邊
7
7
袋底中心
40
※裡袋相同尺寸。

主題圖案（2片）

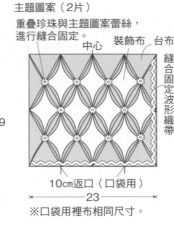

重疊珍珠與主題圖案蕾絲，進行縫合固定。
中心
裝飾布　台布
縫合固定波形織帶
21
23
10cm返口（口袋用）
※口袋用裡布相同尺寸。

台布（16片）

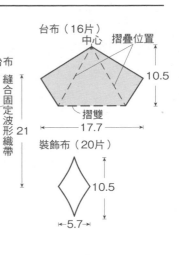

中心　摺疊位置
10.5
摺雙
17.7
裝飾布（20片）
10.5
5.7

教堂之窗

①
中心
台布（背面）
縫合
脅邊　脅邊
摺雙

正面相對對摺台布，縫合兩脅邊。

②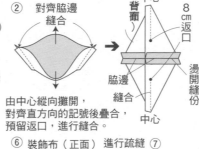
對齊脅邊縫合
背面
中心
8cm返口
脅邊
縫合
中心
燙開縫份

由中心縱向攤開，對齊直方向的記號後疊合，預留返口，進行縫合。

③ 藏針縫
台布（正面）

翻向正面，以藏針縫縫合返口。

④
依序挑縫上下左右的角上部位，縫成長方形。

⑤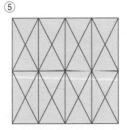

台布正面相對，以4片×2段進行捲針縫，縫成一整片布。

⑥
裝飾布（正面）進行疏縫⑦

疊合裝飾布，進行疏縫。

⑦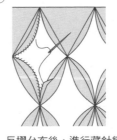

反摺台布後，進行藏針縫

⑧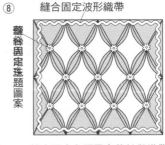
縫合固定波形織帶
蕾絲固定珍珠主題圖案

縫合固定主題圖案蕾絲與織帶

縫製方法

①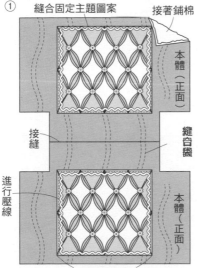
縫合固定主題圖案
接著鋪棉
本體（正面）
本體（正面）
縫合固定
接縫
接縫
進行壓線
本體（正面）
預留口袋口

將主題圖案與口袋縫合固定於本體

②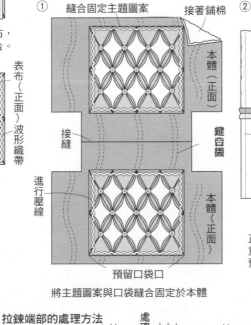
袋底中心
本體（背面）
接縫　縫合
本體（正面）
縫合
12cm返口
裡袋（背面）
裡袋（正面）
袋底中心

正面相對疊合本體與裡袋，縫合袋口。重新由袋底中心摺疊本體、裡袋，預留返口，縫合兩脅邊。

③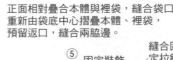
燙開縫份
背面　本體
脅邊
14
縫合

摺疊袋底，縫合側身。
※裡袋也以相同作法完成縫製。

④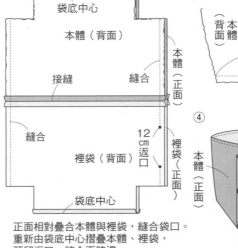
車縫
0.2
本體（正面）

翻向正面，縫合返口，袋口車縫。

⑤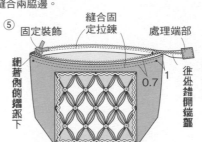
固定裝飾
縫合固定拉鍊
處理端部
黏著側側邊部下
0.7
1

將拉鍊縫合固定於本體袋口

⑥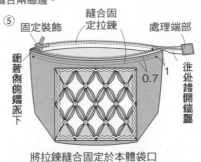
以藏針縫縫合小布片，遮擋縫合針目
提把
2
2
提把
以回針縫縫合固定
從側邊開端部

縫合固定提把

◆**材料**
各式拼接用布片 A用白色素布
100×260㎝（包含D、D'部分）
鋪棉90×405㎝ 胚布110×405㎝
（包含處理邊端用布部分）

◆**作法順序**
拼接A至G布片，完成表布→疊合鋪
棉與胚布，進行壓線→正面相對，
左右周圍縫合處理邊端用布❺，上
下縫合處理邊端用布❻→將處理邊
端用布翻向正面，摺入縫份，以藏
針縫縫於胚布。

◆**作法重點**
○接縫處理邊端用布後，沿著縫合
　針目邊緣修剪鋪棉。

完成尺寸　192×152㎝

處理邊端用布❺　　　處理邊端用布❻
　（2片）　　　　　　（2片）

192.4　　　　　　152.4

3.5　　　　　　　　3.5

邊端的處理方法

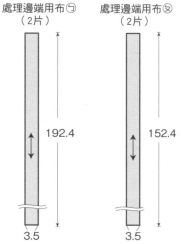

本體完成壓線後，
左右縫合處理邊端用布❺。

將處理邊端用布❺
翻向正面，
以藏針縫縫於胚布。

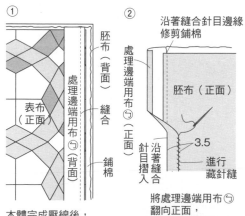

本體上下縫合處理
邊端用布❻

將處理邊端用布❻翻向
正面，以藏針縫縫於胚布。

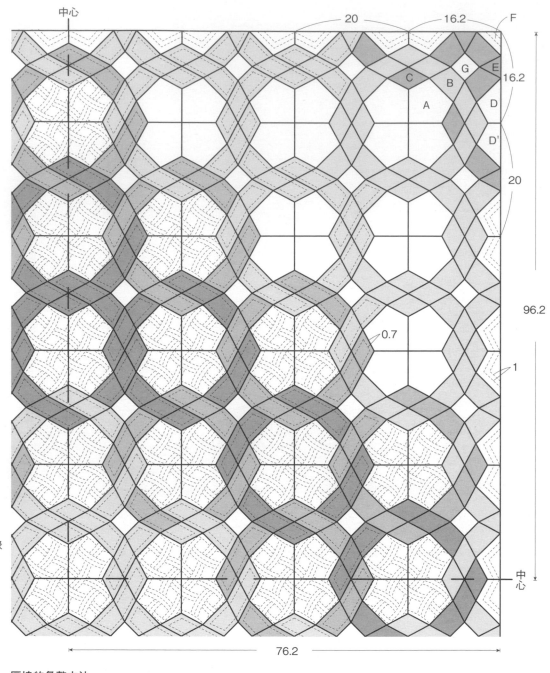

20　　16.2　　F
16.2
20
96.2
0.7
1
中心
76.2

區塊的彙整方法

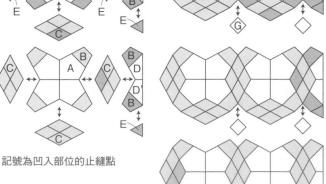

記號為凹入部位的止縫點

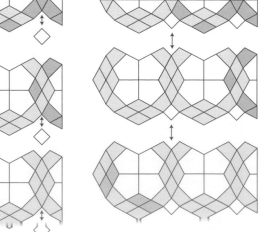

◆材料
各式拼接用布片　E用布90×80cm（包含側身、滾邊、包釦部分）
鋪棉、胚布（包含內口袋部分）各110×50cm　長40cm、24cm拉鍊各
1條　直徑2cm包釦心2顆　直徑1cm縫式磁釦2組　直徑0.2cm蠟繩15
cm　長30cm皮革提把1組　後背帶一組

◆作法順序
拼接A至D布片，完成2片圖案（請參照P.60）→縫合圖案與E布片，
完成前片表布→前片、後片、側身分別疊合鋪棉與胚布，進行壓線→
依圖示完成縫製。

完成尺寸　30.5×30cm

內口袋

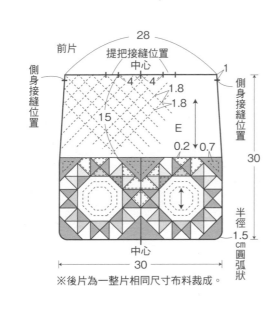

前片

28
提把接縫位置
中心
側身接縫位置
4　4
1.8
1.8
15
E
0.2　0.7
側身接縫位置
30
半徑1.5cm圓弧狀
中心
30

※後片為一整片相同尺寸布料裁成。

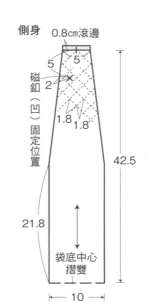

側身
0.8cm滾邊
5　5
磁釦（凹）固定位置
2
1.8　1.8
42.5
21.8
袋底中心摺雙
10

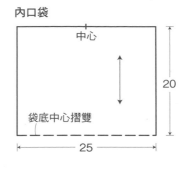

內口袋
中心
20
袋底中心摺雙
25

拉鍊裝飾（原寸裁剪）
4.5

拉鍊裝飾
長15cm蠟繩
縫合
0.5摺疊
背面
打結
棉花　拉緊縫線

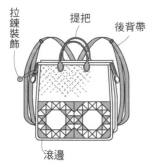

拉鍊裝飾
提把
後背帶
滾邊

圖案的配置圖

D　C
B
C
A
15
15

縫製方法

①
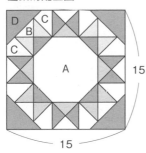
0.8cm滾邊
前片（正面）
縫合
側身（正面）

袋身的袋口側進行滾邊後，
與前片背面相對縫合。

②
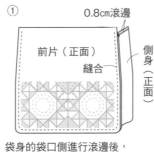
前片（正面）
側身（正面）
0.8cm滾邊

進行滾邊，處理袋口
以外的縫份。

③
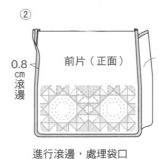
後片（背面）
0.8cm滾邊
前片（正面）

如同①、②作法，縫合後片，
進行滾邊，處理本體袋口側的縫份。

內口袋

縫合
10cm返口
內口袋（背面）
摺雙

正面相對對摺內口袋用布，
預留返口，進行縫合。

①
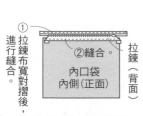
進行拉鍊縫合。
②縫合。
拉鍊
內口袋布寬對摺後，
內口袋內側（正面）

翻向正面，縫合返口，
依序縫合①、②。

④

後片（背面）
內口袋（正面）
進行藏針縫
中心

後片背面縫合固定內口袋

⑤
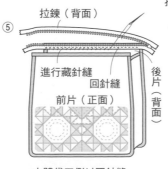
拉鍊（背面）
進行藏針縫
回針縫
前片（正面）
後片（背面）

本體袋口側以回針縫
縫合固定拉鍊，
以藏針縫縫拉鍊布端部。

⑥
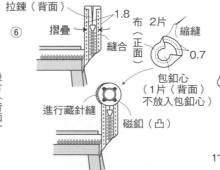
拉鍊（背面）
1.8
摺疊
縫合
布 2片
縫合（正面）
縮縫
0.7
進行藏針縫
包釦心（1片（背面）不放入包釦心）
磁釦（凸）

超出左右的拉鍊布寬對摺後，
進行縫合。
以包釦夾住兩端，進行藏針縫，
背面與側身分別縫合固定磁釦。

⑦
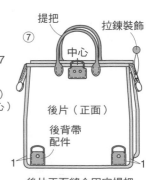
提把
拉鍊裝飾
中心
後片（正面）
後背帶配件
1　1

後片正面縫合固定提把
與後背帶配件。
拉鍊的拉片加上裝飾。

No.25 肩背包 ●紙型B面⑫

◆材料
本體用布70×40cm　袋蓋用布、厚接著襯各35×35cm　鋪棉、胚布各75×75cm　寬4cm斜布條210cm　縫式肩背帶1條　25號繡線適量

◆作法順序
袋蓋進行刺繡→前片、後片、袋蓋分別疊合鋪棉與胚布，進行壓線→依圖示完成縫製。

◆作法重點
○後片疊合鋪棉與胚布前，背面先黏貼厚接著襯，進行車縫壓線。
○袋蓋部分取1至3股繡線，自由地進行刺繡。

完成尺寸　33×29cm

縫製方法

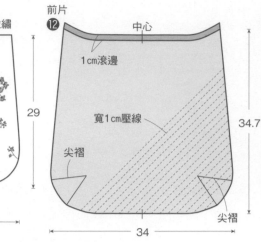

袋蓋⑫　中心　法國結粒繡
沿著圖案進行壓線　輪廓繡
29
29
※僅胚布的袋口部分，預留縫份2cm後，進行裁布。

前片⑫　中心
1cm滾邊
寬1cm壓線
尖褶　34.7　尖褶
34

後片⑫　肩背帶接縫位置　中心
5　5
1.3cm方格狀車縫壓線
34.7　33
29
※背面黏貼原寸裁剪的接著襯。

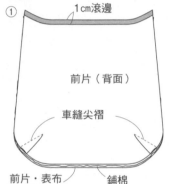

① 1cm滾邊
前片（背面）
車縫尖褶
前片・表布（背面）　鋪棉
進行壓線，以斜布條進行前片上部滾邊後，縫尖褶。

② 袋蓋（背面）
縫合
1
進行藏針縫
後片（背面）
進行壓線後，正面相對疊合袋蓋與後片，進行縫合，以袋蓋的胚布包覆縫份，進行藏針縫。

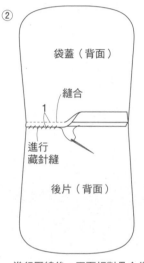

③ 1cm滾邊
袋蓋（背面）
後片（背面）
斜布條原寸裁剪成寬4cm（背面）
前片（正面）
縫合
背面相對疊合前片與後片，進行縫合。以斜布條包覆周圍縫份，進行滾邊。

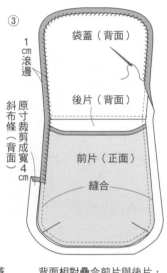

④ 袋蓋（正面）
肩背帶
疊合補強皮片，進行縫合固定
後片（正面）

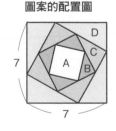
3.5　3.5　0.7
以藏針縫縫合固定補強片
袋蓋（背面）
前片（正面）
將肩背帶縫合固定於後片的接縫位置。在後片胚布側，疊合原寸裁剪成5×5cm的補強片後，進行藏針縫。

No.50 收納盒 ●紙型A面❺（圖案的原寸紙型）

◆材料
各式拼接、貼布縫用布片　E用布20×30cm　袋底用布40×40cm（包含寬3.5cm滾邊用斜布條部分）　貓圖案裝飾用布、單膠鋪棉、接著襯各40×25cm　鋪棉80×20cm　胚布各100×40cm（包含底板用布、裝飾裡布、處理縫份用寬3cm斜布條部分）

◆作法順序
拼接A至D布片，完成8片圖案→圖案接縫E布片，完成袋身表布→袋身表布與底部疊合鋪棉、胚布，進行壓線→製作裝飾→製作底板→依圖示完成縫製。

◆作法重點
○以貓圖案飾邊印花圖案製作裝飾。本體正面側配置貓的正面圖案，後片側配置貓的背面圖案。

完成尺寸　15×18.5cm

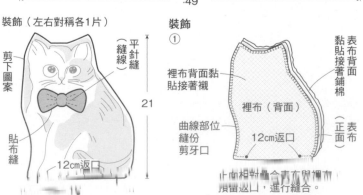

袋身
脇邊　前片中心　脇邊　落針壓縫
7　12.25　12.25
7
E
後片中心
14
49

圖案的配置圖
D
C
A
B
7
7

裝飾（左右對稱各1片）
剪下圖案
平針縫（縫線）
貼布縫
21
12cm返口
※裡布相同尺寸。

裝飾
① 裡布背面黏貼接著襯
表布背面黏貼接著襯
裡布（背面）
曲線部位縫份剪牙口
12cm返口
正面表布
正面相對疊合表布與裡布，順留返口，進行縫合。

② 後片（正面）
前片（正面）
表布背面黏貼鋪棉，翻向正面，縫合返口。後片側裝飾以相同方法完成製作。

◆材料
各式貼布縫用布片　台布110×140㎝（包含寬3.5cm斜布條部分）　A用布60×50㎝　B用布60×60㎝　C用布50×30㎝　D用布90×30㎝　鋪棉、胚布各90×90㎝　25號繡線適量

◆作法順序
A布片進行貼布縫、刺繡→接縫A至D布片，完成環狀區塊→對齊中心，台布疊合環狀區塊後，進行藏針縫→四個角上部位以藏針縫縫上四葉幸運草主題圖案後，進行刺繡→疊合鋪棉與胚布，進行壓線→進行周圍滾邊。

◆作法重點
○疊合環狀區塊的台布中央，預留縫份後挖空。
○在喜愛位置進行貼布縫。

完成尺寸　81.5×81.5cm

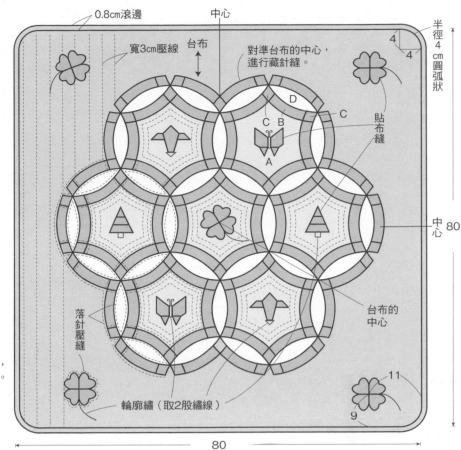

環狀區塊的彙整方法　※皆由記號縫至記號。

① 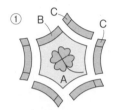　② 　③

A布片周圍接縫B至C布片，完成7個小區塊。

接縫B、C與D布片，完成12個小區塊。

B布片左側接縫3片C布片，B布片右側接縫3片C布片。

④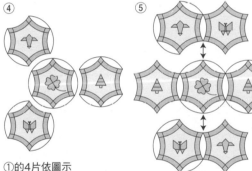

①的4片依圖示接縫D布片。

⑤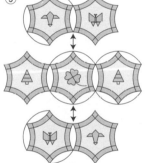

並排①與④，依圖示進行接縫。

⑥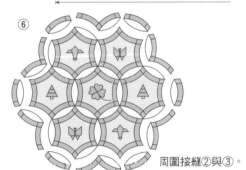

周圍接縫②與③。

袋底

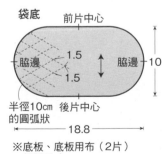

※底板、底板用布（2片）相同尺寸。

縫製方法

①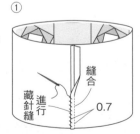

袋身進行壓線後，正面相對疊合，縫成筒狀，以其中一側胚布包覆縫份，進行藏針縫。

②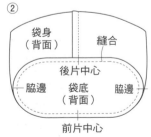

袋底進行壓線後，與袋身正面相對疊合，對齊前、後片中心與脇邊位置，進行接縫。

③

以斜布條包覆袋口與袋底的縫份，進行滾邊。

④

將本體翻向正面，前片與後片縫合固定裝飾後，放入底板。

底板

①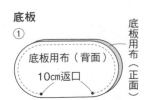

正面相對疊合2片底板用布，預留返口，進行縫合。

②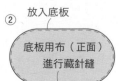

翻向正面，放入底板，以藏針縫縫合返口。

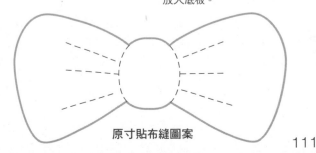

原寸貼布縫圖案

PATCHWORK 拼布教室

國家圖書館出版品預行編目(CIP)資料

Patchwork拼布教室.19：舒活對策！對抗炎夏的清涼藍色系拼布特選／BOUTIQUE-SHA授權；劉好殊・林麗秀譯.
-- 初版. -- 新北市：雅書堂文化, 2020.08
面；　公分. -- (PATCHWORK拼布教室；19)
ISBN 978-986-302-549-8 (平裝)

1.拼布藝術 2.手工藝

426.7　　　　　　　　　　　　　　　109010284

授　　　　　權／BOUTIQUE-SHA
譯　　　　　者／劉好殊・林麗秀
社　　　　　長／詹慶和
執 行 編 輯／黃璟安
編　　　　　輯／蔡毓玲・劉蕙寧・陳姿伶・陳昕儀
封 面 設 計／韓欣恬
美 術 編 輯／陳麗娜・周盈汝
內 頁 編 排／造極彩色印刷
出　　　　　版　者／雅書堂文化事業有限公司
發　　　　　行　者／雅書堂文化事業有限公司
郵 政 劃 撥 帳 號／18225950
郵 政 劃 撥 戶 名／雅書堂文化事業有限公司
地　　　　　址／新北市板橋區板新路206號3樓
電　　　　　話／(02)8952-4078
傳　　　　　真／(02)8952-4084
網　　　　　址／www.elegantbooks.com.tw
電 子 郵 件／elegant.books@msa.hinet.net

原書製作團隊

編 輯 長／関口尚美
編輯協力／神谷夕加里・佐佐木純子・三城洋子
攝　　　影／腰塚良彦・島田佳奈（以上本誌）・山本和正
設　　　計／牧陽子・和田充美（本誌）・小林郁子・
　　　　　　多田和子・松田祐子・松本真由美・山中みゆき
製　　　圖／大島幸・小山惠美・小坂恒子・近藤美幸・
　　　　　　櫻岡知榮子・為季法子
繪　　　圖／木村倫子・三林よし子
紙型描圖／共同工芸社・松尾容巳子

PATCHWORK KYOSHITSU (2020 Summer issue)
Copyright © BOUTIQUE-SHA 2020 Printed in Japan
All rights reserved.
Original Japanese edition published in Japan by BOUTIQUE-SHA.
Chinese (in complex character) translation rights arranged with BOUTIQUE-SHA
through KEIO CULTURAL ENTERPRISE CO., LTD.

2020年08月初版一刷　定價／380元

總經銷／易可數位行銷股份有限公司
地址／新北市新店區寶橋路235巷6弄3號5樓
電話／（02）8911-0825　傳真／（02）8911-0801